Wolfgang Piersig

Die Alfred-Krupp-Jubiläen: 200. Geburtstag und 125. Todestag

(26. April 1812 und 14. Juli 1887) - A man with a vision for iron and steel

GRIN Verlag

Bibliografische Information der Deutschen Nationalbibliothek:

Die Deutsche Bibliothek verzeichnet diese Publikation in der Deutschen National-
bibliografie; detaillierte bibliografische Daten sind im Internet über http://dnb.d-
nb.de/ abrufbar.

Impressum:

Copyright © 2012 GRIN Verlag, Open Publishing GmbH
Druck und Bindung: Books on Demand GmbH, Norderstedt Germany
ISBN: 978-3-656-18732-5

Dieses Buch bei GRIN:

http://www.grin.com/de/e-book/193279/die-alfred-krupp-jubilaeen-200-geburtstag-
und-125-todestag

Die Alfred-Krupp-Jubiläen:

200. Geburtstag und 125. Todestag

•

(26. April 1812 und 14. Juli 1887)

■

A man with a vision for iron and steel.

Dr.-Ing. Wolfgang Piersig

Berg- und Adam-Ries-Stadt Annaberg-Buchholz

wie auch die Geburtsstadt von Emil Heyn, dem

Begründer der Technikwissenschaften Metallographie und Metallkunde

April 2012.

Das Debüt für Alfred Krupp.

•

Basis war ein kleines Hammerwerk, das sein Vater Friedrich Krupp ab 1811 als eine Gussstahlfabrik in Altessen unter der Firma:

„Gussstahlfabrik zur Verfertigung des englischen Gussstahls und aller daraus resultierenden Resultate" [1]

betrieb.

Im Nachhinein „war sie eine Spekulation auf die Verhinderung englischer Stahllieferungen durch die Kontinentalsperre mit geringem Erfolg und misslicher finanzieller Lage [1] bis [4].

■

„Im 'eiserner' Zeitalter hatte (Alfred) Krupp seine Laufbahn, sein Tod fällt in das 'stählerne' Zeitalter" [5].

■

[1] ML Meyers Lexikon, Krupp, Industriefamilie in Essen, Siebente Auflage, VII. Band, Sp. 253, L: BI 1927; [2] Schröder, E.: Krupp, Geschichte einer Unternehmerfamilie, GÖ: Musterschmidt 1957; [3] Schröter, H.: Die Firma Friedrich Krupp und die Stadt Essen. Aus Anlass des 150jährigen Firmenjubiläums, in: Tradition - Zeitschrift für Firmengeschichte und Unternehmerbiographie 6 (1961), H. 12, S. 260/70; [4] Heim, H.: Alfred Krupp, Friedrich Wöhler, Levin Schücking, Korrespondenzen und Beziehungen, in: Tradition - Zeitschrift für Firmengeschichte und Unternehmerbiographie. 12 (1967), H. 4, S. 388/92; [5] Baedecker, G. D.: A. Krupp und die Entwicklung der Gussstahlfabrik zu Essen, E: Baedecker 1912.

Inhaltsverzeichnis.

- 2 -

Einleitung.

Visionäre für die Metalle und Metallurgie, speziell „Men with a vision for iron and steel" gibt es seit den Erzfunden, ihrem Abbau, ihrer Aufbereitung, dem Metallerschmelzen und -gießen wie auch ihrer Weiterverarbeitung. Einer von ihnen ist auch der vor 200 Jahren geborene und vor 125 gestorbene Alfred Krupp (1812-1887) aus Essen an der Ruhr, der insbesondere stets an den qualitativ hochwertigen sowie massenhaft produzierbaren Gussstahl glaubte.

Der eigentliche Siegeszug des Eisens bzw. Stahl, begann aber schon 1775, als James Watt (1736-1819) die doppeltwirkende Dampfmaschine geschaffen hatte. Durch ihre äußerst schnelle Verbreitung im letzten Viertel des 18. bzw. bis zur Mitte des 19. Jahrhunderts stiegen die Anforderungen an die Quantität wie auch Qualität des am weitverbreitetsten Schwer- und wichtigstem Gebrauchsmetall. Weltweit sind Eisenerze wohl in einer Höhe von 800 Mrd. Tonnen mit 230 Mrd. Tonnen Eisenanteil bekannt, wovon aber nur etwa 160 Mrd. Tonnen mit 70 Mrd. Tonnen Fe-Inhalt ökonomisch gewinnbar sind. Somit ist es ein hochwichtiger Grund, sorgsam mit dem Eisen, das nach dem Sauerstoff, Silicium, Aluminium mit fünf Prozent das vierthäufigste Element der Erdkruste ist, umzugehen.

Obwohl, die Kunst, Eisen und Stahl herzustellen, über 3.000 Jahre beherrscht wird, gelang es Flussstahl zu erzeugen und guten Gussstahl zu bereiten erst vor knapp 160 Jahren, als Henry Bessemer (1818-1898) der bodenblasenden Konverters, die Bessemerbirne, gelang. Dies bewog die Texteinbindung, dass Alfred Krupp der Gussstahlerzeuger war, dem zugestanden werden kann, frühzeitig erkannt zu haben, dass die Eigenschaften aller von ihm wie auch von anderen erzeugten und verarbeiteten Materialien, so beispielsweise auch das Eisen, der Stahl, gegossen sowie verfertigt und folglich auch die Erzeugnisqualität von der Zusammensetzung wie auch dem Werkstoffaufbau abhängen, und: dass ausgehend von diesen Phänomenen eine Massenproduktion mit beständiger Spitzenqualität, insbesondere des Krupp'schen Gussstahls und des mit dem Bessemer- wie auch Siemens-Martin-Verfahrens gewonnenen Flussstahl, ein besonderes Engagement chemischer Analyse und physikalischem Verhaltens sowie im Weiteren ein gewichtiges Interesse der mechanischen, technologischen, fertigungstechnischen Material- und Produktkontrolle wie auch eine systematische Werkstoffprüfung erfordern.

Im vorliegenden Werk wird dazu zum Ausdruck gebracht, Alfred Krupp schuf sich eben mit dieser von ihm vertretenen Herstellungs- und Weiterverarbeitungsphilosophie nicht nur neue Verwendungs- und Absatzmöglichkeiten für den Tiegelstahl, sondern im Weiteren wird auch offeriert, dass für die Erzeugnisse, wie Gussstahlfedern für Eisenbahnwagen, Gussstahlachsen und –räder, für Nahtlosradreifen für Eisenbahnfahrzeugräder und auch der aufgenommene Geschützbau stetig im Produktionsvolumen anstiegen.

Ebenso wird im Buch aufgezeigt, dass Alfred Krupp schon jung an Jahren mit ausgeprägter Arbeitsdisziplin, bezeichnendem Durchstehvermögen, technischer Besessenheit, extremen Willen zu Qualität und Quantität eine Gussstahlfabrik leitete, zuerst allein tüftelte, kämpfte, erstarkte und ab 1826 bis 1848 dies mit seinen Brüdern Hermann (1814-1879) und Friedrich (1820-1901) tat, um zum Ziel der Gussstahlmassen- und Wachstumsprodukte zu gelangen. Zum Firmenaufschwung, den Industrieprodukten und zum Waffenbau gibt es auch Aussagen.

Gezeigt wird, Erzeugnisse gezeichnet „F. Krupp in Essen" trugen beide Namen rund um die Erde. Zugleich erhält auch eine Erwähnung, Alfred Krupps Unternehmen von Weltruf machte nicht nur seine Werke, sondern auch die Stadt Essen zum Fachkräfte- und Besuchermagneten.

Der 200. Geburtstag, der 125. Todestag von Alfred Krupp (26. April 1812-14.07.1887).

Der Beitrag zu den Jubiläen von A. Krupp in 2012 basiert auf den Veröffentlichungen [1-13].

Alfred Krupp, der Sohn von Peter Friedrich Krupp (1787-1826), wurde am 26. April 1812 in Essen geboren (s.u. Stammbaum). Nach dem Tod des Vaters am 20. November 1811 (Napoleonzeit), dem Gründer einer Kleinschmiede und Gussstahlfabrik in Essen und Pionier des deutschen Gussstahls, leitete Alfred 14jährig allein die Gussstahlfabrik von 1826-1848, dann mit seinen beiden Brüdern, Hermann (1814-1879), dem Begründer des österreichischen Zweiges der Krupp-Dynastie, und Friedrich (1820-1901). Erwähnung fanden seine Vorfahren ab 1587, als die Kaufmannsfamilie Arndt Krupe (später Krupp) von Holland nach Essen kam. Sie wurde mit vielen Beteiligungen an Zechen und Hüttenwerken Industriellenfamilie. Ferner nahmen viele Familienmitglieder als Bürgermeister, Syndici, Ratsherren, Gildemeister tätigen Anteil am Essener städtischen Leben.

Stammbaum der Krupps

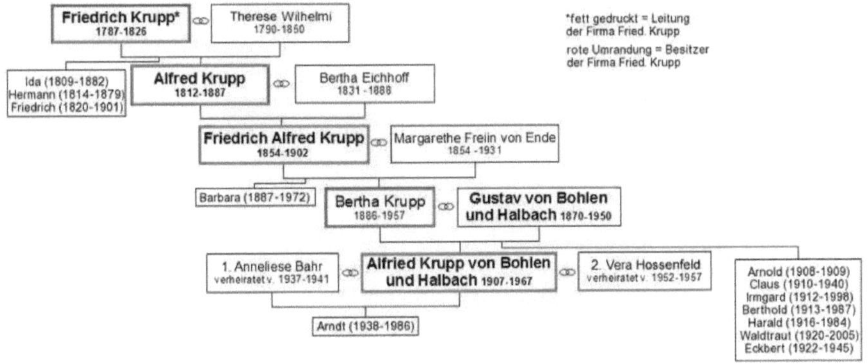

Stammbaum der Krupps [11].

[1] Diechmann, G.: Nachruf Krupp, ZVDI 31 (1887) Nr. 30, S. 625/6; [2] A. Krupp und die Entwicklung der GS-Fabrik zu Essen a.R. ZVDI 33 (1889), Nr. 6, S. 128/31; [3] Baedeker, D.: A. Krupp und die Entwickelung der GS-Fabrik zu Essen, E: Baedeker 1889, s.a.: ZVDI 33(1889), Nr. 6, S. 128/312; [4] Baedeker, D.: A. Krupp und die Entwicklung der GS-Fabrik zu Essen : mit einer Beschreibung der heutigen Kruppschen Werke, Essen: Baedecker 1912; [5] Castner, J.: A. Krupp. 100. Geburtstag, 26. April 1912, StuE 32 (1912), H. 17, S. 681/4; [6] StuE 32 (1912), H. 32, S. 1293, 1294ff., 1299ff., 1306ff., 1321ff., 1325ff, 1327ff., 1337ff.;[7] Friedrich Krupp, AG, Essen, Bericht d. Direktoriums 1924/5, StuE 46 (1926), H. 10, S. 353.; [8] Krupp, A..; Berdrow, W. (Hrsg.): Alfred Krupps Briefe, B: Hobbing 1928; [9] Berdrow, W.: A. Krupp und sein Geschlecht, 150 Jahre Krupp-Geschichte (1787-1937), nach den Quellen der Familie und des Werks, B: Verlag für Sozialpolitik, Wirtschaft u. Statistik 1937; [10] Klass, G. V.: Die drei Ringe, TÜ, S: Wunderlich 1953, BS, StuE 74 (1954), H. 5 , S. 317. [11] Stammbaum der Familie Krupp - http://www.planet-wissen.de/politik_geschichte/persoenlichkeiten/krupps/img/intro_krupps _baum_g.jpg; [12] WAZ EA 200 J. Krupp, ThyssenKrupp AG. https://www.Thyssenkrupp. com/independent/3:waz-sonderausgabe.., Chronik d. Stadt Essen, www.essener.org/ chronik.htm (17.04.12); [13] Schröter, H.: Die Firma Friedrich Krupp und …, in: Tradition - ZFU 6 (1961) H. 6, S.260/70.

Als Alfreds Vater 39jährig starb, überließ er ihm wohl eine neu gebaute Fabrik, aber ein wirtschaftlich recht ungesundes und mit 10.000 Talern [1] verschuldetes Werk, mit nur sieben Mitarbeitern, ohne Betriebsmitteln und Aufträgen [2]. Sein eigentliches Erbe sind sowohl die ihm in jungen Jahren vermittelten Kenntnisse wie auch weitergereichten Erfahrungen des Eisenhüttenwesens, insbesondere die Herstellung feuerfester Tiegel, das „know how" eines praktikablen Schmelzverfahrens zu der Erzeugung von gutem Stahl wie auch die Vertrautheit und Kunde aus dem selbsterzeugten, qualitativ anerkannten Stahl sowohl Gerber- wie auch Schneidwerkzeuge, Stempel und kleine Walzen herstellen zu können. Durch vielfältige Bemühungen von A. Krupp um die Rohstoffe, den Gussprozess, die Stahlherstellung sowie die Guß- und Stahlverarbeitung erreichte er bis in die Jahrhundertmitte des 19. Jahrhunderts, das Unternehmen zu einer erkennbaren Belebung bzw. sichtbaren Blüte zu führen. Damit gelang es ihm, die Erzeugnisse von ungleichmäßiger Qualität in solche mit sehr gleichmäßigem Stahl, mit einheitlicher Verarbeitung, besonders von Tiegeln, Stempeln, Gold- und Münzwalzen, Bergbaugeräten, Achsen, Federn und Maschinenteilen, zu wandeln.

Alfred Krupp (26. April 1812-14.07.1887) [3].

1848 wurde er Alleininhaber des Unternehmens. Da fertigte er mit merklicher technisch-merkantiler Begabung, Symbol für Innovationen und Leistungskraft, Stahl, der in der Qualität dem englischen gleichwertig war, und erfand die Löffelwalze. Den Wirtschaftsaufschwung erkennend, steigerte er stetig seine Produktionsmenge sowie Größe seiner Tiegelstahlblöcke.

[1] Ossenkopp, M.: Der Kanonenkönig war ein Sonderling, FP, B4, S. 4., 20.04.2012; [2] Unternehmer in der Industriellen Revolution, http://www.ghs-mh.de/comenius/projects/comm/mh_ind2.htm (27.04.2012); [3] Zum hundertjährigen Jubiläum der Firma Krupp, StuE 32 (1912), H. 32, zwischen den Seiten 1392 und 1393.

Übrigens: A. Krupp der 50-jährige Stahlproduzent brillierte mit einem 4.300 Pfund schweren Stahlblock und einem 6-pfündigen Gussstahlgeschütz auf der 1. Weltausstellung 1851, der „Great Exhibition of the Works of Industrie of all Nations", in London und erlangte damit seine Berühmtheit. Diese untermauerte er deutlich auf der dritten World's Fair, der „London International Exhibition on Industrie and Art", im Jahre 1862 in London, also vor 150 Jahren, wo Krupp die Welt mit dem 44 Zoll dicken, acht Fuß langen, 20.000 Kilogramm schweren Stahlblock überraschte, für deren Bearbeitung er 1858/1860 den Riesenhammer „Fritz" schuf.

Krupps Ausstellungs-Hits und die Inbetriebnahme seines ersten Bessemerwerkes bereits zwei Wochen nach der Expo-Eröffnung waren nicht nur der deutschen, sondern der gesamten Eisenindustrie gegenüber mehr als eindrucksvoll. Dieses von Alfred Krupp gezeigte wie auch die weiteren Erzeugnisse des gesamten deutschen Eisenhütten- und Montanwesen waren nach dem deutschen Kulturhistoriker und ersten Direktors des Berliner Kunstgewerbemuseums, Professor Julius Lessing (1843-1908) [1], ein überaus sichtbares Zeichen für die begonnene „große Konkurrenz" zwischen England und Deutschland.

Nebenbei bemerkt, Alfred Krupp war mit einer der ersten, der die Schwierigkeiten bei der Gussstahlherstellung im 19. Jahrhundert zu meistern verstand. Bereits im ersten Drittel dieses Jahrhunderts führten seine Bemühungen sowohl zum quantitativen wie auch qualitativen Erfolgen. Damit gelang es ihm, neben Mayer & Kühne in Bochum, die fast monopolistischen Stahlhersteller und Stahllieferanten der Steiermark und aus Kärnten (A), nicht nur gleich zuziehen, sondern sie außerdem auch noch zu überbieten. Ausdruck dafür sind besonders seine brillanten Blöcke aus Gussstahl, die er auf internationalem Parkett, wie den Expos von 1851 bis 1873 der Welt feil bot. Im Einzelnen waren es folgende Gussstahl-Massivblöcke:

WA London	1851 ein Block von 2.250 kg,
WA Paris	1855 ein Block von 10.000 kg,
WA London	1862 ein Block von 20.000 kg,
WA Paris	1867 ein Block von 40.000 kg,
WA Wien	1873 ein Block von 52.500 kg [4].

Eindeutig, Alfred Krupp war es zu dieser Zeit gelungen, den „Gussstahl in Stücken von ungeahnter Größe und untadelhafter gleichförmiger Beschaffenheit herzustellen. Die Produkte waren nicht nur bloße Gussstücke, sondern sie konnten auch in alle Fällen mittels Dampfhammer sehr eindringlich überschmiedet werden." Und „Krupp schuf die Möglichkeit, dies wertvolle Material in vielen Fällen mit großem Vorteil da anzuwenden, wo man bisher mit Guss- und Schmiedeeisen auskommen oder die kostbare Bronze benutzen musste" [4].

Alfred Krupp, der Matador aller Gussstahlerzeuger besaß damals Produktionsstätten von rund 700 preußischen Morgen, in denen rund 8.000 Arbeiter beschäftigt waren. Zur Gussstahlbereitung nutzte er dreizehn Birnen und für das Maschinenparkbetreiben von 77 Dampfhämmern mit 4.300 Ztr. Gewicht, 1.063 Arbeitsmaschinen, Walzwerke, Dreh- und Schleifbänke, Hobel-, Fräs- und Bohrmaschinen standen 413 Dampfmaschinen mit ca. 16.900 PS zur Verfügung (u.a.: [1] bis [3] und s. a. die Literatur auf den Seiten 28 bis 31).

[1] Lessing, J.: Das halbe Jahrhundert der WA, Vortrag gehalten in der Volkswirtschaftlichen Gesellschaft zu Berlin, März 1900, in Volkswirtschaftliche Zeitfragen, H. 174 (Jg. 22, H. 6), S. 3/30; [2] Tunner, P. v.: Bericht WA London 1862, Wien: Tendler 1863; [3] Kroker, E.: Die WA i. 19. Jh., BO: Uni.-Diss.1973; [4] Ersch, J. S.; Gruber, J. G.: AEWK, I. Sek., T. 98, GS-Stahl, S. 1/5.

Erzeugt wurde der dafür notwendige Dampf in 298 Kesseln mit dem Kohlebedarf von 220 t/d und Wasserverbrauch von 4.815 m^3/d. 1870 produzierte Krupp 1.300.000 Ztr. Gussstahl, Für den damals größten in Betrieb stehenden Dampfhammer von 1.000 Ztr. Gewicht, mit 3.000 mm Hub und einem 30.000 Gusseisenfundament hatte das Krupp rund 1.800.000 investiert.

Apropos, mit der Erfindung und dem Patent der nahtlosen, bei höherer Geschwindigkeit auch bruchsichereren Radreifen (1852/1853) für die Eisenbahn, wovon drei solche Reifen ab 1875 das Firmenlogo bilden, schaffte Krupp seinen endgültigen unternehmerischen Durchbruch. Impuls dafür war die mit der industriellen Revolution in der ab dem 4. und im 5. Jahrzehnt des 19. Jahrhunderts breit aufkommenden Eisenbahnbaus. Durch sein Eisenbahnrad ohne Schweißnaht, fürwahr die Räder aus einem Guss, entwickelte sich seine Firma zu einem der bedeutenden Hersteller für Lokomotiventeilen, Waggonelementen, Schienen, Weichen etc.

Einer Erwähnung wert bei der Entwicklung dieser Radreifen ist, um diese gestellte Aufgabe zum Erfolg zu führen, ließ Krupp diese Tests in einer separaten, abgeschlossenen, abseits liegenden Werkstatt durchführen, die von den Kuppianern auch „Sibirien" genannt wurde.

Im Übrigen, nach Peter Ritter von Tunner (1809-1897), seit 1835 Professor für Berg- und Hüttenwesen, der ab 1840 erster Leiter der ständischen montanistischen Lehranstalt in Vordernberg und nach deren Verlegung nach Leoben (1849-1874) Direktor der k. k. Montan-Lehranstalt (ab 1861 Bergakademie, heute Montanuniversität) war, „lag der Glanzpunkt aller Stahlprodukte beim Deutschen Zollverein" und da war es Friedrich Krupp, der bis dahin über 40.000 Radreifen und mehr als 1.000 Gusskanonen verfertigte, das unstreitig das Schönste, Interessanteste an Massenstahl, unterstützt durch einen guten Spezialkatalog, zeigte.

Nicht nur mit ihm und den Gussstahl-Kanonen-Rohgüssen bis 9 Zoll Selenweite und 9.000 kg Gewicht, sondern auch mit eindrucksvollen mechanischen Bearbeitungsvorrichtungen, wie den 1861 in Betrieb genommenen größten, berühmten, auch als Weltwunder betrachteten Dampfhammer „Fritz" (Bärgewicht 50 t; Schabotte 1.000 t, Hubhöhe 314 cm; Schlagenergie 100.000 m • kg; Bearbeitungsgewichte bis 35 t; Kosten 1,8 Mio. M). Auch mit dem vorgestellten Plattengerüst mit 2.000 PS Leistung, Walzen mit 15 ft. Bahnlänge zum Formen von Stahlplatten von 1 ft. und mehr bekundete er Ingenieurleistung, Konstruktionsvorsprung, Gießereifortschritt. Gleichwohl war es auch für Krupp ein bedeutendes Podium, innovative Verformungsmethoden und Produktionsmittel zur Schau zu stellen.

Ebenso evident waren bei ihm Qualität und Form seiner Stabeisenerzeugnisse, wobei seine innig und festhaltend aus körnigem und sehnigem Eisen zusammengeschweißten Schienen augenfällig waren. Dazu gab Alfred Krupp als erster Patentnehmer fürs „Bessemern" diesem Verfahren, trotz Zögerung des Staates, Widerstand der Technik, Ungunst der Wirtschaft, mit dem von ihm im Mai 1862 in Dauerbetrieb genommenen ersten deutschen und kontinentalen Bessemerwerk, auf dem Weltpodium der Technik eine breitere Grundlage.

Damit aktivierte er die Inbetriebnahmen dieses Verfahrens 1863 im Bochumer Verein und im österreichischen Turrach (Steiermark), letzteres geschah da durch Peter Ritter v. Tunner, auf Beschluss von Johann Adolf II. zu Schwarzenberg (1799-1888). Dazu stimulierte er damit auch im belgischen Searing die Société anonyme pour l'Exploitation des Etablissements John Cockerill (firmiert 1842) aufbauend auf der von John Cockerill (1790-1840) im Jahre 1817 begründeten Eisenhütte John Cockerill & Cie, die zeitgleich einen solchen Konverter anblies.

Offensichtlich übertrafen die Krupp-Exponate nicht nur in Größe und Masse alles, was sonst die Branche zeigte, sondern die Bruchflächen waren auch hinsichtlich ihrer Gleichförmigkeit und Reinheit in allen Richtungen, Feinkörnigkeit, Homogenität, Zähigkeit im unbearbeiteten sowie ausgeschmiedeten Zustand sehr instruktiv, wobei letztere die Vermehrung dieser vortrefflichen Eigenschaften auswiesen. Bezeichnend waren ferner die Rissfreiheit von gepressten, gebogenen, gefalzten, gelochten Erzeugnisse (Blöcke, Bleche, Tafeln).

Dazu zeigte Krupp, dass er für sein Eisen und seinen Stahl methodische Prüfmethoden nutzt und belegte dies auf der Expo 1862 mit Ergebnissen zum Tiegelstahl und Bessemerverfahren. Die erzielten, gezeigten Resultate stammten vom auf Firmenkosten ab 1855 zum Chemiker am Braunschweiger Carolinum ausgebildeten Carl Uhlenhaut (1837-1892). Dieser in der Tiegelstahlschmelze beschäftigte Akademiker wurde außerdem von Alfred Krupp zum Studium des Bessemerverfahrens 1860 nach England geschickt.

In den Kruppschen Werken fanden die Materialuntersuchungen und Materialanalysen ab 1863 in dem in der Gussstahlfabrik unter Karl Gerstner (1837-1921) eingerichteten chemischen Laboratoriums statt. Unter seiner Leitung und Geschäftsordnung erfolgte da die Prüfung von Rohstoffen, Brennstoffen, Abgasen, Fertigprodukten, deren Ergebniswerte alle protokolliert wurden.

Dargestellt wurden Test-Resultate ab 1857, i.W. bestärkte er die gewonnenen Werte mit einer 1862 in London von Greenwood & Batley Makers (Leeds) gekauften Universalprüfmaschine (Machine for Testinc Iron & Steel by Tension, Torsion, Crushinc & Breakinc) [1].

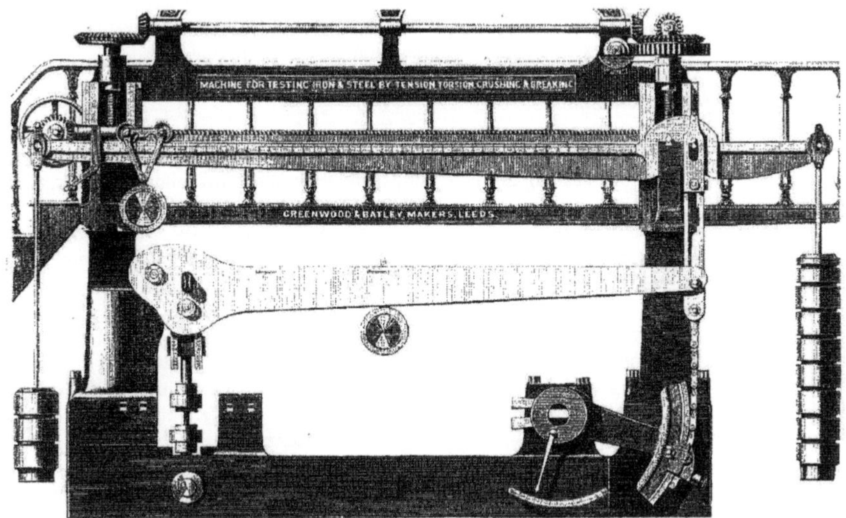

Die erste Werkstoffprüfmaschine der Kruppschen Probieranstalt aus dem Jahre 1862 [1]

[1] Ak.: BAM. Die Chronik 1871-1996, Bremerhaven: WV NW 1996.

Diese wurde in einer dafür extra eingerichteten Probieranstalt aufgestellt. In ihr wurden nun die Kruppschen Stähle einem gewissenhaften mechanischen Check unterzogen. Im Jahre 1883 kam ein weiteres Stahllabor hinzu, das unter Leitung von Fritz Salomon stand. Dieses lies Alfred Krupp einrichten, um mittel der da erzielten Ergebnisse zu vervollkommneten Stahlsorten zu gelangen.

Mit dieser Innovation schuf er nicht nur das Fundament für eigene mechanische Materialtests, sondern legte gleichsam den Grundstock für wissenschaftliche Materialprüfungsanstalten in Deutschland. Auch der Flussstahlerzeugung mittels Siemens-Martin-Ofen nach dem Herdfrischverfahren, welches von François Marie Emile Martin (1794-1871) und seinem Sohn Pierre am 8. April 1864 nach dem Verfahrensprinzip der Brüder Friedrich (1826-1904) und Wilhelm Siemens (1823-1883) aus dem Jahre 1856 in einer kleinen Eisen- und Stahlhütte in Sireuil bei Angoulême (Südfrankreich) zuerst erfolgreich eingeführt wurde, schenkte Krupp besondere Aufmerksamkeit.

Die erfolgversprechende Neuerung erkennend, führte auch wieder Krupp in Deutschland in Essen die ersten Siemens-Martin-Öfen ein. Durch diese etablierte Flussstahlgewinnung nach dem Bessemer-Verfahren und dem Siemens-Martin-Verfahren, setzte sich bei ihm auch die energieeffizientere Stahlmassenproduktion schnell durch. Allein mit dem Bessemern kam der Stahlmagnat 1863 auf 250.000 Ztr., 1864 auf 500.000 Ztr., 1866 auf 1.000.000 Ztr. Gussstahl.

Die Fortführung seiner 1847 begonnenen Geschützentwicklungen basierte hauptsächlich aus den Einnahmen des Verkaufs der Löffel- und Besteckwalze in England, den Bau größerer Dampf-Hämmer und –Pressen, nahtlosen Radreifen. Wohlbemerkt, sein Erzeugnissabsatz war anfänglich in Deutschland spärlich. Verbreiteter, anerkannter wie auch begehrter waren seine Eisenbahnmaterialien und Geschütze u.a. in Frankreich, Indien, Amerika. Lokomotiven selbst wurden bei Krupp aber erst nach dem I. Weltkrieg (1914-1918) produziert. Die Auslieferung der ersten Kruppschen Lokomotive erfolgte am 10. Dezember 1919.

Da Alfred Krupp mit der Gießtechnik und dem Schmieden aufwuchs, gelang es dadurch die mechanische und Wärmebehandlung auf erfahrungsgemäßem Wege beutend voranzubringen. Dazu brachten ihm sein angeborenes Talent und fortwährendes Experimentieren exzellente Lösungen u.a. bei Geschützrohrverschlüssen. Bei ihm, so Fachleute, Historiker, Statistiken, war die Waffenproduktion noch Nebenerwerb und galt somit als der „Gussstahlkönig". Ihm als Tüftler ging es vornehmlich um den richtigen Werkstoff, die Basis für Innovationen.

Nach dem Tod von Alfred Krupp am 14. Juli 1887 konnte sein Sohn Friedrich Alfred (1854-1902) sofort die Unternehmensleitung übernehmen, denn sein Vater hatte ihn in seinen Werken metallurgisch wie auch betriebswirtschaftlich von der Pike aus so ausgebildet, dass er das Unternehmen sukzessive großzügig ausbauen und erweitern, mit Neubauten versehen und mit neuen Verfahren ausstatten und galt weiterhin als Vorkämpfer in der Stahlindustrie. Da nach 1880, insbesondere aber unter seiner Regie nach 1887, und historisch bedingt, sich die Stahlverfertigung mehr zur Waffenproduktion hinwendete, galt er als der „Kanonenkönig".

Mit dem von Krupp verfolgten und im Februar 1873 offen formulierten Ziel: „Der Zweck der Arbeit soll Gemeinwohl sein, dann bringt Arbeit Segen, dann ist Arbeit Gebet" und getragen von der Wirtschaftskraft kam es ab 1836 zur Errichtung einer Kranken- und Pensionskasse und ab den 70-ziger Jahren des 19. Jahrhunderts zum Bau von tausenden Arbeiterwohnungen sowie Konsum-und Sozialeinrichtungen. Damit und überdurchschnittlichen Löhnen erzog er sich gut qualifizierte, bodenständige, für das Unternehmen unermüdlich tätige Mitarbeiter.

Wo einst Alfred Krupp den Grundstein für eine fast absolute Stahlqualität legte, diese da sich zur Tradition entwickelte, wurden stets weitere sichtbare Zeichen dafür gesetzt. Beispiele sind das Basismaterial der zwei Kanonen von Xiamen (China), die 1893 vom Unternehmen Krupp produziert und geliefert wurden. Es war auch Gussstahl. Enorm waren bzw. sind ihre Daten, nämlich: 14 Meter Länge, 280 Millimeter Kaliber, 16 Kilometer Reichweite, 350 Kilogramm Geschosse, Kosten 80.000 Unzen Silber je Kanone [1].

Einer Erwähnung wert ist auch: Alfred Krupp hatte den von ihm produzierten Gussstahl eine solche Qualität gegeben, dass ein solcher auch von vielen Maschinenbauanstalten geordert wurde. Dazu gehörte auch die von Ernst Carl Theodor Hoppe (1812-1898). Für die von dieser Berliner MBA für die im Jahre 1891 an die Kgl. Mechanisch-Technischen Versuchsanstalten in Berlin gelieferte horizontale hydraulische Materialprüfmaschine für Zug-, Druck- und Knickversuche mit einer Einspannlänge bis zu 17 Metern und einem Probendurchmesser bis zu 1.000 Millimetern wurde zu ihrer Maschineneichung der dazu erforderlichen Probestahl mit einer Länge von 13.500 mm und 1.800 kg aus Kruppstahl gefertigt. Beachtenswert ist, für die Prüfmaschine betrugen die Kosten 58.000 Mark und für den Probestab 2.600 Mark [2].

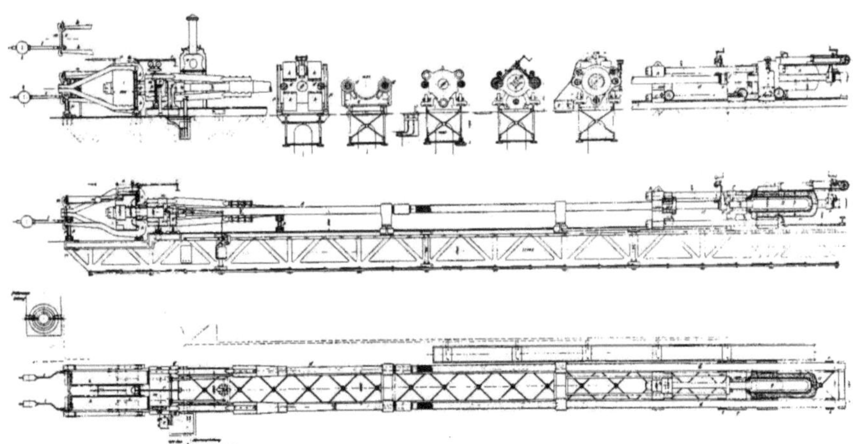

Die hydraulische Materialprüfmaschine von Carl Hoppe aus dem Jahre 1891 [2].

Ebenso bedeutungsvoll ist auch die 1929 begonnene und am 14. Mai 1935 freigegebene, 1.178 m lange, 20,5 m breite, mit 33 m lichter Höhe und 33 m Wassertiefe, von Krupp gebaute kombinierte Straßen- und Eisenbahnbrücke „Lillebæltsbro" über den Kleinen Belt („The Little Belt Bridge") bei Middelfart (Dänemark), die die Halbinsel Jütland mit Fühnen

[1] Weltweite Spuren | DerWesten, www.derwesten.de › ... › Partnerangebote › OSV › 200 Jahre Krupp; [2] Ak.: BAM. Die Chronik 1871-1996, Bremerhaven: WV NW 1996.

verbindet. Ihre 825 m lange Strombrücke, ein Fachwerküberbau aus Gerberträgern besteht aus Kruppstahl, gebildet durch eine stählerne Fachwerkkonstruktion aus fünf Spannweiten von 137,5 m, 165 m, 220 m, 165 m, 137,5 m und zwei Vorlandbrücken aus Stahlbetonbögen mit Weiten von 36, und Armierungen aus Kruppstahl.

Einzuordnen ist auch unter der Rubrik „Weltweite Spuren, bedeutende Krupp-Bauten rund um den Globus" [2] das für 1972 geschaffene Zeltdach des Münchner Olympiaparks, welches mit Kruppstahl und Plexiglas das Stadion, die Halle und Schwimmhalle mit insgesamt 74.800 Quadratmetern überdacht, welches aus einem Metallgeflecht von 410 Kilometern Netzseil, 14 Kilometern Randseil, 12 Kilometern Hauptseil, stabilisiert mit 129.000 Knoten, gebildet ist. Allein die Stahldrahtverarbeitung des 460 Meter langen Hauptrandseils, das filigran aus 1771 Kilometern Draht gefertigt wurde, gilt als eine Meisterleistung in der Stahlverfertigung [1], durch das Unternehmen mit den drei Ringen für die Zukunft.

Im Übrigen ist das Stahlmonster, Krupps geschaffene 13.500 t Stahlskelettkonstruktion, das am 31. Januar 1977 eröffneten „Centre national d'art et de culture Georges Pompidou" (auch kurz „Beaubourg" bzw. betitelt als „La Raffinerie") in Paris mit 165,4 m Länge, 60 m Breite, 42 m Höhe, gebildet aus Stahl, Stahlguss, Schleuderguss der Auftragnehmerproduktion, nicht nur der schwerste Stahlklotz im Frankreichs Metropole, sondern ein um 6.000 t schwererer gegenüber dem filigranen Eiffelturm von 1889 [1], Wahrzeichen von Paris und der Tricolore.

Dass Alfred Krupps Gussstahl bereits Mitte des 19. Jahrhunderts nicht nur Wissenschaftlern bekannt, sondern von ihnen geschätzt wurde, davon zeugt u.a. ein an Krupp von Hofrat und Professor der Chemie Friedrich Köhler (1800-1882) gesandter Brief vom 6. Dezember 1854:

„Geehrtester Herr.
Ihr berühmter Gussstahl mit seinen wunderbaren Eigenschaften hat schon längst in hohem Grade mein Interesse erregt; durch den Bericht des Oberlieutenants Orges, den ich soeben las, hat es sich verdoppelt, und veranlaßt mich, so indiscret zu sein, als ein Ihnen ganz Unbekannter Sie mit diesen Zeilen und zwar mit einer Bitte zu belästigen, die Sie ganz unberücksichtigt und unerwiedert lassen wollen, sobald Ihnen die Erfüllung derselben im Mindesten unbequem ist. Sie besteht darin, daß Sie die Güte haben mögen, Sie für die Sammlung des hiesigen Universitäts-Laboratoriums eine Probe von 1 oder einigen Pfunden dieses merkwürdigen Stahles zukommen zu lassen. Die Form ist mir gleichgültig, die Hauptsache wäre ein Stück mit frischem, charakteristischem Bruch. Es soll nur zum Vorzeigen bei meinen Vorträgen dienen. Den Betrag bitte ich durch Postvorschuß nehmen zu lassen und die Sendung unfrankirt an das hiesige Laboratorium zu adressieren. Sollten in Ihrer Fabrik interessante Hüttenprodukte, namentlich krystallisirte Schlacken vorkommen, oder Sie Hüttenproducte oder Erze besitzen, deren Analyse Sie zu haben wünschen, so würden Sie mich noch mehr verbinden, wenn Sie dieselben wollten mitschicken lassen. Mit Vergnügen bin ich bereit, jede Analyse der Art, die Sie wünschen, vornehmen zu lassen.
Mit der vollkommensten Hochachtung
Ihr ergebenster F. Wöhler Hofrat und Professor der Chemie" [3].

[1] Bein, H.-W.: Drei Ringe für die Zukunft, vom Stahlwerk bis zum diversifizierten Unternehmen, in: WAZEA, 200 J. Krupp, ThyssenKrupp AG, S. 10/11; [2] Lohmann, B.: Weltweite Spuren, bedeutende Krupp-Bauten rund um den Globus, in: WAZ EA, 200 Jahre Krupp, ThyssenKrupp AG, 20.. November 2011, S. 4/5, [1] und [2] auch: https://www.thyssenkrupp.com/independent/3:waz-sonderausgabe...; [3] Heim, H.: A. Krupp, F. Wöhler, L. Schücking, Korrespondenzen Tradition: ZFU 12 (1967), S. 388/92.

Alfred Krupps beispiellose Erfolgsstory von 1826 bis 1887.

Die Kruppsche Riesenkanone auf der Pariser Weltausstellung 1867 [1].

Er ist es, der das 1811 von seinem Vater in Essen gegründete, 1826 mit zwei Angestellten und 10.000 Talern Schulden geerbte Gussstahlwerk, als patriarchischer wie auch risikostarker Firmenchef sowie Arbeitgeber, in nur 60 Jahren zu einem gigantischen, mit kaum schätzbaren Vermögen und 21.000 Beschäftigten entwickelte.

Wohldurchdacht baute er es aus und ließ neue Technologien entwickeln und anwenden. Dazu besitzen zu dieser Zeit Krupps Familie produktions-, qualitäts- und absatzfördernde Zechen, Erzgruben, Hütten, Fertigungsbetriebe. Alfred Krupps Erfolgsstory basierte insbesondere auf zwei Produkten, nämlich den Kanonen, die er z.B. 1870/1871 an Freund (Deutsche) und Feind (Franzosen) verkaufte, und den nahtlosen Radreifen für die aus- wie auch inländischen Eisenbahnen. Für letzteres Kerngeschäft waren die USA zuerst größter Abnehmer [1] bis [6]. Beides trug maßgebend zu seiner wie auch Unternehmenssymbolisierung bei. Zum einen bringt ihm seine Rüstungsschmiede den unschönen Beinamen „Kanonenkönig", zum anderen sein heute noch weltweit bekanntes Firmenlogo, drei ineinander geschlungenen Reifen, S. 12.

[1] Kruppsche Riesenkanone auf der Pariser WA 1867, http://www.preussen-chronik.de/bild_jsp/key=bild_m_ 16a.html, (02.04.2012); [2] Baedeker, G. D.: A. Krupp u. die Entwickelung der GS-Fabrik zu Essen a/R., E: Baedeker 1889; [3] A. Krupp und die Entwicklung der GS-Fabrik zu Essen a.R. ZVDI 33 (1889), Nr. 6, S. 128/31. [4] Baedeker, G. D.: A. Krupp und die Entwicklung der GS-Fabrik zu Essen, mit einer Beschreibung der heutigen Kruppschen Werke, E: Baedecker 1912; [5] Berdrow, W.: A. Krupp u. sein Geschlecht, 150 Jahre Krupp-Geschichte (1787-1937), B: V. f. Sozialpolitik, Wirtschaft u. Statistik Paul Schmidt 1937; [6] Ossenkopp, M.: Der Kanonenkönig war ein Sonderling, FP, B4, 20.04.2012.

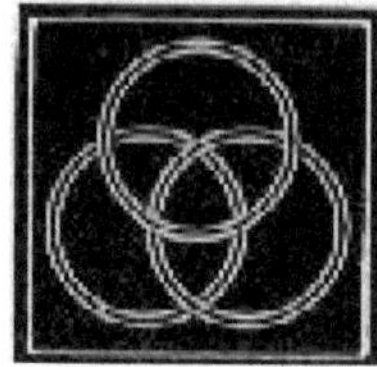 

Drei Ringe, Kruppsches Fabrikzeichen seit 1875.

Dazu verstand es Alfred Krupp mit bisher nicht dagewesenen metallurgischen Vor- wie auch Fertigprodukten, Ausrüstungen, Anlagen, Spezialteilen auf den Weltausstellungen, die ab 1851 stattfanden, die Welt stets ins Staunen zu versetzen. Hohe Löhne, Arbeitervorsorge, Kranken- und Pensionskassen, Werkswohnungen, Krankenanstalten verlangten Loyalität von den Kruppianer und versagten ihnen das Recht, eigene Interessen in den Gewerkschaften zu vertreten, wie dies aus dem nachstehend genannten Buch ebenso zu entnehmen ist [2].

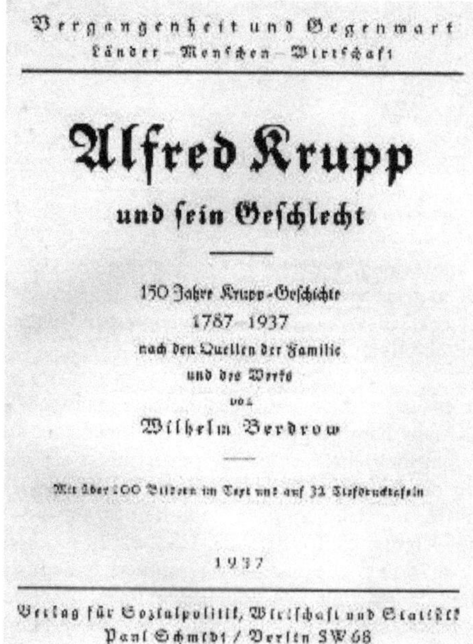

Ebenso war Krupp Qualität sowie enge Verbindung zur Politik, kein Engagement in ihr, ein Sonderling, der dem Unternehmen näher stand als seiner Ehe aus dem Jahre 1853. Dies hatte Auswirkungen auf seine Gesundheit, er war Hypochonder und litt unter Depressionen [3].

[1] Krupp startet mit 14 J. … Erfolgsstory, http://www.preussen-chronik.de/(03.04.2012); [2] Berdrow, W.: A. Krupp u. sein Geschlecht, B: 1937, HW ZT., S. 15 ff. [3] Ossenkopp, M.: Kanonenkönig …, FP, B4, 20.04.12.

Die Nachkommen von Kroppen aus Gelderland (NL) bis Krupp.

Im 16. Jahrhundert ist der Name Krupp bereits in den Chroniken der Stadt Essen aufgeführt. In der Reformationszeit (1517/1648) gehörten die Krupps mit zu der Oberschicht und zu den angesehensten protestantischen Familien in Essen. Zahlreiche Mitglieder der Familie nahmen als Bürgermeister, Syndici, Ratsherren, Gildemeister aktiv Anteil am städtischen Leben. Als Friedrich Krupp 1811 die Firma in Altessen gründete, gehörte sie zum Großherzogtum Berg Im Schrifttum [1] – [3] sind Nachkommen der Generation I bis XIV aufgeführt, wovon die Generationsfolge I bis XII hierfür relevant sind und auszugsweise wiedergegeben werden.

Generation I:	Wilhelm Kroppen, Nachkomme: Goissen Krop.
Generation II:	Goissen Krop. Kirchliche Trauung: 1522. Nachkomme: Wilhelm Krop.
Generation III:	Wilhelm Krop, Landbesitzer in Gendringen (Gelderland, NL), Kirchliche Trauung: 1556. Nachkomme: Arndt Krop (* um 1560).
Generation IV:	Arndt Krop (um 1560-1624), geb.: Gendringen (Gelderland, NL), im Verzeichnis der Großen Kaufmannsgilde Essen geführt, amtierte als Stadtdirektor. Verbindung mit: Gertrud von der Gathen, gest. 1633 in Essen. Nachkomme: Georg Krupp (* 1590).
Generation V:	Georg Krupp, gen. in Essen, 1590-1623, Kaufmann in Essen, Kirchliche Trauung: vor 1619 mit Brigitte Klocke, geb. vor 1603-1623. Nachkomme: Matthias Krupp (* 1621).
Generation VI:	Matthias Krupp, geb. in Essen, 1621-1673 i.E., Stadtsekretär in Essen, Verbindung mit Anna Catharine Voss, bestattet 21.02.1698 in Essen. Nachkomme: Arnold Krupp (* 1688). Außerdem, in Essen ist ein Johann Krupp (* um 1640) Gewährhändler.
Generation VII: 1703/1734, E.,	Arnold Krupp, geb. in Essen, vor 1688-1734, Bürgermeister i.E. Kirchliche Trauung: vor 1706 m. Anna Gertrud Burckhard, geb. 1681 i. Nachkomme: Friedrich Jodocus Krupp (* 1706).
Generation VIII:	Friedrich Jodocus Krupp, geb. i. Essen, 1706-1757, Kaufmann, Senator, führte belehnte und gemutete Kohlezeche namens „Secretarius". Kirchliche Trauung: 1751 mit Helene Amalie Ascherfeld, geb. 1732 Witwe Amalie Krupp, geb. 1732, Geschäftsfrau, 1782 Gründung GHH, Sterkrader, nimmt Hauptbeteiligung GGH Gute Hoffnung Hütte, Nachkomme: Peter Friedrich Wilhelm Krupp (* 1753).

[1] Nachkommen (Gesamt) von Wilhelm Kroppen, http://home.arcor.de/claudia.jatzlau/claudia/krupp/ krupp-frm3.htm; [2] Krupp (Familie), http://de.Wikipedia.org/wiki/Krupp_(Familie); [3] Friedrich Krupp und die Gründung der GS-Fabrik 1819.

Generation IX:	Peter Friedrich Wilhelm Krupp, geb. in Essen, 1753-1795, Kaufmann, Ratsmitglied, Kirchliche Trauung: 1779 mit Petronella Forsthoff, geb. vor 1763. Nachkomme: Friedrich Krupp (* 1787).
Generation X:	Friedrich Krupp, geb. i. E., 1787-1826, vor 1807 erwirbt sich Kenntnisse eines Hüttenmannes, 12. April 1800, Subhastation für GGH, Hütte geht in den Besitz der Hauptgläubigerin über, GGH Kaufpreis betrug 12.000 Rthl. Berl. C. 27. Juni 1807, Übertragung der Hütte auf Friedrich Krupp. 15. Mai 1808, Schenkung wird rückgängig gemacht. 18. September 1808, Helene Amalie Krupp verkauft GHH „Gute Hoffnung Hütte". 20. November 1811: Gründung d. Gussstahlfabrik mit zwei Teilhabern, 07. Dezember 1811: Kauf der Walkmühle in Altenessen, Frd. Krupp errichtet einen Reckhammer, ein Schmelz- und Zementiergebäude, Krupp erkennt: „Ohne gutes Eisen kein guter Stahl", 1812: Krupp konnte liefern „alle Sorten feinen Stahl, auch Guss-, Rund- und Triebstahl, sowie auch feine Uhrmacherfeilen und alle anderen Sorten gröberer Sackfeilen, Baster- und Schlichtfeilen und Raspeln." 1819 Gründer der Gussstahlfabrik (1818/19 neu erbauter Schmelzbau) , Kirchliche Trauung: mit 21 Jahren 1808 mit Theresia Helene Johanna Wilhelmi mit 17 Jahren, geb. 1790-1850, Nachkommen: Ida Krupp (1809-1882). Alfred Krupp (* 1812). Hermann Krupp (1814-1879) Mitinhaber Berndorfer Metallwarenfabrik Kirchliche Trauung: 1847 mit Maria Baum (1821-1879). Friedrich Krupp (1820-1901).
Generation XI:	Alfred Krupp (1812-1887), Industrieller. Kirchliche Trauung: 1853 mit Bertha Eichoff (1831-1888). Nachkomme: Friedrich Alfred Krupp (* 1854).
Generation XII:	Friedrich Alfred Krupp (1854-1902), Kirchliche Trauung: 1872 m. Freiin Margarethe von Ende (1854-1931). Nachkommen: Bertha Krupp (1886-1957) in Essen, Standesamtliche Trauung: 1906 mit Dr. Georg Gustav Friedrich Krupp von Bohlen und Halbach (1870-1950). Barbara Krupp (1887-1972), Verbindung mit Freiherr Adolf Karl Tilo Wilmowski (1878-1966).
Generation XIII, XIV:	Die Fortführung unter dem nachfolgenden Link einsehbar: http://home.arcor.de/claudia.jatzlau/claudia/krupp/krupp.htm#BM28371.

[1] Nachkommen (Gesamt) von Wilhelm Kroppen, http://home.arcor.de/claudia.jatzlau/claudia/krupp/ krupp-frm3.htm; [2] Krupp (Familie), http://de.Wikipedia.org/wiki/Krupp_(Familie); [3] Friedrich Krupp und die Gründung der Gussstahlfabrik im Jahre 1819 (1818/1819 neu erbauter Schmelzbau [4])., http://www.digitalis.uni-koeln.de/Baedeker/baedeker1-9.pdf; [4] ThyssenKrupp: Chronik – Gründung der GS-Fabrik durch Friedrich Krupp, http://www.thyssen krupp.com/de/konzern/geschichte_chronik_k1811.html; [5] Schröter, H.: Die Firma Friedrich Krupp und ..., Tradition. ZFU 6 (1961), H. 6, S.260/70.

- 15 -

Die Zeittafel zu Alfred Krupp.

1811: Am 20.11. gründet Friedrich Krupp in Essen eine Gussstahlfabrik mit zwei Teilhabern.

1812: Die Zukunft. Alfred Krupp wird am 26.4.1812 geboren. Im selben Jahr werden Schmelzbau und ein Hammerwerk an der Walkmühle in Altenessen errichtet.

1817: Die Kgl. Münze Düsseldorf bestätigt Kruppstahlqualität. Krupp fertigt Münzstempel, Walzen, Werkzeugstahl, Werkzeuge, Lohgerbergeräte.

1818: Krupp erhält vom Essener Erfinder und ersten Baumeisters der Dampfmaschine 1803 im Ruhrgebiet, Franz Dinnendahl (1775-1826), Privatunterricht, besucht Gymnasium.

1821: Tuchscherblätter gehören neu zur Fertigungspalette.

1826: Tod des Vaters, Gussstahlfabrik hat sieben Angestellte und 10.000 Taler Schulden, zuvor, wegen Finanzlage als Steuerzahler gestrichen, in LK-Statistik nicht aufgeführt.

1830: Erste Walzenschleiferei auf der Walkmühle wird eingerichtet.

1831: Bruder Hermann (1814-1879) tritt ein in die Firmenleitung, maschinentechnischer Teil.

1832: Mehrtiegelgussverfahren geht in Betrieb, Blöcke von 75 kg aus vier Tiegeln gelingen.

1833: Fertigung fertiger Walzmaschinen wird aufgenommen.

1934: Krupp bereist Süddeutschland nach Gründung des Deutschen Zollvereins zwecks Kunden-Akquisition, 200-Kilogramm-Abguss aus acht Tiegeln gelingt.

1835: Bestellung erster 20-PS-Dampfmaschine für Gussstahlfabrik, substituiert Wasserkraft, vereinigt Arbeitsgänge der Stahlbereitung vom Schmelzen bis zur Endbearbeitung; seine Tressenspezialwalzen liefern hochfeine, sehr robuste Gold- und Silberfäden.

1835/1837: Krupps erste Erweiterungsperiode erfolgte. Hammerwerk und mechanische Werkstatt entstehen. Die Herstellung von Zahnwalzen und Rietwalzen gehören mit zum Fertigungsprogramm ab 1835.

1836: Akquise von Krupp, seinem Bruder, einem Reisenden steigern Auslandumsatz von 6303 auf 18.439 (1837).

1836: Auf freiwilliger Basis wird Kasse für Krankheits- und Sterbefälle gegründet.

1838: Krupp bereist fünfzehn Monate lang Frankreich wie auch England wegen Abnehmer-Akquisition. Ausgewiesen als Baron Schropp besucht er englische Eisenhütten, Stahl- und Walzwerke, Schmieden, wo er die Fertigkeiten englischer Eisenhüttenkundler, Metallurgen, Stahlarbeiter erfährt ([1] bis [13], s.S. 19).

1840: Firma Alfred Krupp entwickelte komplette Walzwerke, Justierwerke wie auch Vorstreckanlagen.

1839: Alfred Krupps Bruder Friedrich Krupp tritt in die Firma ein und wird Mitentwickler und Miterfinder.

1841: In Paris erhält die Firma die erste ständige Auslandsvertretung ihren Sitz.

1842: Entwicklung von Löffel- und Besteckwalzmaschinen beginnt.

1843: Alfred Krupp entwickelt mit seinen Brüdern Hermann Krupp und Friedrich Krupp Besteckwalzwerk.

1843: Stahl-Innovationen von Alfred sind: Klavierdraht, Spezialwerkzeuge, Maschinenteile, Brustpanzer, hohlgeschmiedete Gewehrläufe, Schusswaffen (Büchsen- und Pistolenläufen).

1844: Auf Berliner Gewerbeausstellung erhält Krupp die Goldmedaille, die Kürassfabrikation beginnt. Teilhaber Carl Friedrich von Müller scheidet aus, Fritz Sölling wird Teilhaber

1846: Die Firma beginnt mit Herstellung von Eisenbahnachsen und -federn.

1847: Beginn der Fertigung von Eisenbahnmaterial (Achsen, Wagenfedern, Radbandagen), fertigt erste Drei-Pfünder-Gussstahlkanone, A. Krupp überlässt sie dem preußischen Kriegsministerium.

1848: Alfred Krupp wird Alleininhaber des Unternehmens, er lässt in den Jahren1848/1849 das Familiensilber wegen finanzieller einschmelzen.

1849: Beginn der Fabrikation von Eisenbahnachsen. Großauftrag erteilt 1849 die Köln-Mindener Eisenbahn: 2400 Trag- und 400 Stoßfedern.

1851: Krupps Slogan der Weltausstellung war: „Die Engländer sollen Augen machen." Auf ihr in London erhält er „Council Medal", höchsten Preis, herausragende Exponate: 4.500 Pfund Gussstahl-Block, 6-Pfünder-Geschützrohr aus Gussstahl mit Mantelrohr, außerdem waren es hochpolierte harte Walzen.

1851/1855: Erweiterung der bebauten Fläche stieg von 0,4 ha auf insgesamt 3,05 ha, erbaut wurden Walz-, Hammer-, Puddel- und Schweißwerk, Erste Mechanische Werkstatt, neue Eisengießerei ([1] bis [11], s.S. 19).

1852: Inbetriebnahme 100-Zentner-Hammer wie auch die Fabrikation von Schiffsachsen und Maschinenwellen erfolgte.

1852/1854: Erste Anerkennungen auf GA Rheinland und Westfalen, Düsseldorf ([1] bis [13], s.S. 19).

1852, Industrieausstellung München 1854.

1853: Alfred Krupp heiratet Bertha Eichhoff, 17.02.1854 wird Friedrich Alfred geboren.

1854: 17.02. wird Friedrich Alfred geboren. Krupp erhält US-Patent auf nahtlose, sichere, schnellere Eisenbahnradreifen.

1855: GS-Glocke wird auf WA Paris prämiert, Ritterkreuz der Ehrenlegion steht für Qualität, 20.000-Pfund-Block wird brilliert, Errichtung des Bandagenwalzwerkes I erfolgt.

1857: Die Belegschaft übersteigt 1.000 Beschäftigte, 140-Ztr.-Hammer wird errichtet, erhöht werden Dampfschiffkurbelwellenzahl, strapazierfähiger, massiver Maschinenteile.

1856/1859: Geschützentwicklung, gezogene 6-Pfünder entstehen, Ägypten bestellt erste größere Anzahl von Geschützrohren (36 St. 12- u. 24-Pfd).1859: 300 Geschützrohrblöcke bestellt preußische KM, GS-Produktion erreicht 75.000 Ztr./a (Krupp), Preußen 116.779 Ztr./a.

1861: Fotoabteilung öffnete, liefert große Werkspanoramen; Dampfhammer „Fritz" mit 1.000 Ztr. Fall- u. 50.000 kg Bärgewicht, 3,14 m Kolbenhub entsteht, bebaut sind 5,34 ha; Belgien bestellte 184 St. 6-Pfünder, 1862: 111 St. 4-Pfd., 200 St. 12-Pfd., ein 68-Pfd.1861/1865: II. Erweiterungsperiode, Bessemerwerk, Blech- u. Schienenwalzwerk, Räderschmiede, Satzachsendreherei, Federnwerkstatt, Bandagenwalzwerk, Kanonenwerkstatt I u. II entstehen.

1862: Krupp lehnt am 21.02.1862 August v. d. Heydt (1801-1874) WA-Preisrichteramt ab, 16. Mai geht erstes Bessemerstahlwerk a. d. Kontinent mit vier 2,5-t-GS-Konvertern geht in Betrieb, auf der Weltausstellung in London sind Geschütze 8,7 bis 22,86 cm Kaliber, 11.000-kg-Schiffswelle, 16.000-Pfd.-Gussstahl-Block gezeigt. Historisch und unternehmerisch wertvoll ist ausgelegtes Einschreibebuch für Standgäste. Mit englischer Materialprüfmaschine begründet Krupp in Essen die Werkstoffprüfung für sein Unternehmen und für Deutschland.

1863: Die Siedlung. Werkssiedlung Westend entsteht am Südrand des Fabrikgeländes mit 136 WE. 1864: Inbetriebnahme des 20-Tonnen-Hammers „Max" erfolgt. Russland bezieht 88 St. 8-zöllige und 16 St. 9-zöllige Kanonen, Vorderlader.

1864: Konstruktion Rundkeilverschluss, verbesserte Rohre, Führungen, Zünder entstehen. Geschütze bestellten: Preußen 338 St., Russland 224 St., Andere 205 St. i.S.: 817 St., Erwerb von Eisenerzgruben, Hütten und Kohlezechen.

1865: Krupp gelingt Gussstück von 35.000 kg aus 1.184 Tiegeln, Stahlformguss-Bahnräder, Konstruktion Rundkeilverschluss erfolgte, verbesserte Aufbau der Rohre; Führung der Rohre, lieferte neue Hohlgeschosse, neue Zunder, verbesserte Laffetenkonstruktionen die bebaute Fläche erreicht 13,35 ha ([1] bis [13], s.S. 19).

1867: WA Paris werden größtes Geschütz: 1.000-Pfünder (35,5 cm), Attraktion nennt
Volksmund die „Dicke Bertha", 40-kg-Gussstahlblock gezeigt.
Ebeling beschreibt in Hochachtung Krupps Stahlblock und Leistungen: „Ein Loch
durchgebohrt und abgedreht, so gibt's eine Kanone oder einen Dampfcylinder; einen
Klöppel hinein gehängt so wird eine Glocke daraus."; Krupp nutzt Prospekte zur
Unternehmenswerbung auf der WA und macht sie zum „Kruppschen Spektakel".
Bestellungen für 720 Geschütze gingen ein, im Folgejahr (1868) waren es 588 Stück.

1868: Der 1865 von der Belegschaft gegründete Arbeiter-Konsumverein wird übernommen,
eigener Polizei- und Feuersicherungsdienst, eigenes Pompier-Corps sind in Funktion,
2370 Geschütze sind bestellt, 30/40 Zentner pro Monat. Schießpulverbedarf besteht
für Tests.

1869: Erster Siemens-Martin-Stahlofen Deutschlands geht bei Krupp in Betrieb, Kessel- und
Schiffbleche mehr und mehr aus Bessemer- und S-M-Stahl erzeugt.

1870: Das Krankenhaus. Kruppsche Krankenanstalten entstehen als Lazarett für Verwundete
im deutsch-französischen Krieg, Versuche mit Geschoss-Kupferführung laufen an.

1872: Das Grundgesetz. Das „Generalregulativ" regelt Pflichten und Rechte der Mitarbeiter
und legt Grundzüge der Geschäftsführung und der betrieblichen Sozialpolitik dar.

1872: Steinkohlezeche Hannover (Bochum), Johanneshütte (Duisburg) erworben.

1873: Villa Hügel mit 269 Zimmern (8.100 m^2) wird fertig, zu 1850 sind Dampfmaschinen
von 2 auf 286 und Grundbesitz (Essen) von 4,53 auf 306,16 ha gestiegen, WA Wien:
Qualität und Quantität erfordern „Seperatpavillon", größtes Geschütz: 36,5 t, die 30,5-
cm-Küstenkanone L/22 sowie größter GS-Block: 52.000 kg werden gezeigt.

1875: Die Marke Krupp. Drei übereinander gelegte nahtlose Eisenbahnradreifen werden vom
Königlichen Kreisgericht in Essen als Wort- und Bildmarke der Firma Alfred Krupp
eingetragen.

1875: Alfred Krupp gründet zwei Industrieschulen. Hier können Frauen, schulpflichtige
Mädchen Handarbeiten für häusliche oder berufliche Zwecke lernen. Gegründete
Industrieschule erhält spürbare Unterstützung, bildet vorerst Kruppianer aus.

1876: WA Philadelphia, der „Gussstahlkönig" zeigt GS-Geschütz mit 8.000 mm Rohrlänge,
57.500 kg Gewicht, erforderliche Ladung 110 kg Pulver, Granatengewicht 525 kg.
Zur WA: „International Exhibition of Arts, Manufactures and Products of the Soil and Mine"
brachte Alfred Krupp seine Erzeugnisse mit dem Kruppschen Dampfer "Essen" dahin.

1877: Am 7. und 8.11.: Krupps Panzerkanone wird in Bredelar (Westf.) vor 50 Offizieren aus
Preußen, Österreich, Russland, England, Holland, Italien, Spanien, Schweden,
Portugal, Norwegen, Dänemark, Belgien, Japan, Brasilien, Argentinien, Ergebnis:
Platten hielten, Kugeleinschlag nur 14 cm, Sieg für Krupp, Fortschritt fürs Militär
([1] bis [13], s.S. 19).

1878: Zum Maschinenpark gehörten Anfang des Jahres ungefähr 1.600 Öfen, 300 Dampfkessel, über 1.000 Werkzeugmaschinen, 300 Dampfmaschinen von 2 bis 1.000 PS, Konstruktion des 40-cm-GS-Geschützrohres erfolgt, hergestellt wurden über 15.000 Gussgeschütze, bis 250 Feldkanonen pro Monat, Höhepunkt: 35 Kaliber langen 40 cm Kanone 120.000 kg Rohrgewicht, Geschossgewicht 1.050 kg, Pulverladung 330 kg.

1880: Geschoßdreherei wird errichtet, Mantelringrohre L/35 werden produziert.

1881: Die Gesamtproduktion von Eisen und Stahl betrug 260.000 Tonnen.

1883: Mit der Errichtung eines zweiten Chemischen Laboratoriums durch Friedrich Alfred Krupp beginnt die wissenschaftlich orientierte Stahlforschung.

1885: 34 Staaten bezogen bis dahin von Krupp über 200.000 Geschütze aller Art.

1886: Gründung der Friedrich-Alfred-Krupp-Stiftung findet statt, Ankauf Gussstahlwerkes Fritz Asthöwer & Co. in Annen erfolgt.

1887: Alfred Krupp stirbt am 14. Juli, einziger Sohn Friedrich erbt Gesamtkonzern mit 20.200 Mitarbeitern, sowohl Alfred wie auch Friedrich Alfred Krupp (1902) werden, der Familien-Tradition verbunden, vom Stammhaus zur letzten Ruhestätte gefahren. Die Zahl an Krupp-Geschütze erreicht mehr als 23.000 Stück, 1911 das 50.000. Am 18. Juli 1887 fand das Begräbnis unter Beteiligung von 60.000 Trauernden, dem Deutschen Kaiser und König von Sachsen statt.

Die wichtigsten Auszeichnungen von Alfred Krupp sind:
1858: Kommerzienrat, 1861: Geh. Kommerzienrat, Ehrenmitglied des VDI, Londoner Iron and Steel Institute, Roter-Adler-Orden 2. Kl., Eichenlaub-Orden der Ehrenlegion.

An der Spitze der Kruppwerke steht nun Friedrich Alfred Krupp, verwaltet werden sie durch ein Kollegium technisch, kaufmännisch und juristisch ausgebildeter Mitglieder ([1] - [13] f. S. 15/19).

[1] Oelschläger: Notizen über die GS-Fabrik v. Frd. Krupp i.E., SPZ 13 (1868), S. 23/4; [2] Baedecker, G. D.: A. Krupp u. d. Entwicklung d. GS-Fabrik zu E., E.: Baedecker 1912; [3] Berdrow, W.: A. Krupp u. sein Geschlecht, B: 1937; [4] WA ZEA 200 J. Krupp, ThyssenKrupp, https://www.thyssenkrupp.com/independent/3:waz-sonderausgabe; [5] http://www.dhm.de/lemo/html/biografien/KruppAlfred/index.html; [6] Köhne-Lindenlaub, R.: A. Krupp, in: NDB 13 (1982), S. 130/5; [7] Begleitende Erklärung der Ansprache, www.digitalis.uni-koeln.de/Baedeker/baedeker 325-334.pdf; [8] MKL: Kr.., X. Bd. 264, L: BI 1888; [9] ML: Bd. VII. Bd. Sp. 253; L: BI 1927; [10] Schröter, H.: Die Firma Friedrich Krupp und die Stadt Essen. 150 Jahre Firmengeschichte, Tradition. bis 1917/18; [12] Brockhaus, Krupp, Bd. 1, S. 1020, L: 1911; [13] MGKL, Krupp, Bd. 11, S. 750, L: 1907.

Statistisches zu Krupps Gussstahlfabrik, die Grubenbetriebe und Hochofenanlagen.

Welche erstaunliche Entwicklung das Unternehmen Krupp unter der Leitung Alfred Krupps genommen hatte, verdeutlicht die nachfolgende Unternehmensstatistik von Baedecker in [1].

1. Die Gussstahlfabrik Essen.

1.195 Öfen verschiedener Konstruktion,
286 Dampfkessel,
370 Dampfmaschinen von 0,5 bis 2.500 PS, im ganzen 27.000 PS, ohne die
    Lokomotiven und Dampfkräne,
92 Dampfhämmer von 100 bis 50.000 kg Gewicht,
21 Walzstraßen,
1.725 verschiedene Werkzeugmaschinen,
361 Kräne von 400 bis 75.000 kg (im Verbund bis 120.000 kg) Tragfähigkeit,
    im ganzen 3.219.700 kg,
18.716 bis 26.724 m^3/d Wasserverbrauch,
13.520 bis 49.000 m^3/h Leuchtgas.

2. Der Werksverkehr in Essen.

43,960 km normalspurige Eisenbahn mit 14 Tenderlokomotiven und 542 Waggons,
29,190 km schmalspurige Eisenbahn mit 14 Lokomotiven und 450 Waggons,
61 Pferde mit 181 Wagen,
80,000 km Telegraphenleitungen mit 31 Telegraphenstationen,
140,000 km Telefonleitung mit 124 Sprechstationen, 12 Lokalstationen.

3. Die Hochofenanlagen für Essen.

Johanneshütte b. Duisburg, Hermannshütte b. Neuwied, Mühlofenerhütte b. Engers:
11 Hochöfen,
600 t/d Roheisen,
78 Dampfkessel,
66 Dampfmaschinen von 4 bis 300 PS, insgesamt 3.350 PS,
4 Kalksteinbrüche.

4. Die Bergwerke.

2.100 t/d Kohleförderung, 2 Kohlenzechen mit 3 Schächten,
22 Dampfkessel, 32 Dampfmaschinen von 6 bis 400 PS, insgesamt 2.250 PS,
534 Eisensteingruben in Deutschland,
1.200 t/d Erzförderung, dazu 400 t/d Erzförderung in Nordspanien,
42 Dampfkessel, 39 Dampfmaschinen mit insgesamt 1.369 PS,
2 Drahtseilbahnen, 2 Lokomotiven, 4 Dampfer mit 6.100 t.

5. Die Zahl der Arbeiter.

20.960 insgesamt, in GS-Fabrik 13.626, Zechen 1.792, Stahlwerken Annen 415,
    Hochofenanlagen 1.181, Eisengruben 3.807, Schießplatz 55, Dampfer 84,
52.809 Familienmitglieder, 15.520 Kinder,
24.193 Werkswohnungen, 12.723 Eigenheime, 36.853 Mietwohnungen.

[1] Baedecker, G. D.: Alfred Krupp und die Entwicklung der Gussstahlfabrik zu Essen, Essen: Baedecker 1912.

Die Zeittafel nach 1887 bis in die Gegenwart.

1889: In den Versuchsanstalten von Krupp wurden auf Grund der Einführung der Flussstahl-Verfahren rund 12.000 (1898: 24.567 [11]) chemischer Analysen durchgeführt. Bis 1899 waren diese auf 84.000, 1910 auf 175.000 Tests gestiegen.

1890: Mit der Gründung der Krupp-Stipendien-Stiftung für bessere technische Ausbildung nahm die wissenschaftliche Bildung im Unternehmen deutlich zu.

18(92)/1893: Übernahme der Maschinenfabrik (Gruson-Werk) in Magdeburg-Buckau, Friedrich Alfred ist Mitglied des preußischen Herrenhauses und Staatsrates und 1993 bis 1898 auch Mitglied des Reichstages; FS-Produktion liegt bei 230.000 Tonnen.

1893: Rudolf Diesel, MAN und Krupp beschließen in einem Konsortialvertrag, Diesels Erfindung auszuwerten, um einen Dieselmotor zu entwickeln.

1896: Für die neue Friedrich-Alfred-Hütte in Rheinhausen werden zunächst drei Hochöfen, ein Hafen, ein Wasserwerk und Werksbahnanlagen geplant.
Krupp führt die Germaniawerft in Tegel (später Kiel) auf Rechnung und 1902 erwirbt er sie.
Kaiser Wilhelm II. besuchte am 27. Oktober das Unternehmen Krupp.

1898: In der Probieranstalt der Kruppschen Gussstahlfabrik wurden 143.000 Festigkeitsversuche durchgeführt.
1899: Die Kruppsche Bücherhalle wird eröffnet, der Kruppsche Bildungsverein entsteht.

1902: Bau des ersten deutschen Versuchs-U-Bootes „Forelle" auf der Germaniawerft erfolgte, an mehr als 30 Staaten wurden etwa 40.000 Kanonen ausgeliefert.

1903: Am 30. Juni wird die Firma F. Krupp in eine AG umgewandelt.

1905: Im Juni wird „Geschichtliche Abteilung" erstes Unternehmensarchiv in Deutschland.

1906: Die Hochzeit: Bertha Krupp heiratet den Diplomaten Gustav von Bohlen und Halbach.

1908: gegründete Oberschule in Essen-West erhielt den Namen Alfred-Krupp-Schule.

1912: Die nichtrostenden säure- und hitzebeständigen Chrom-Nickel-Stähle aus den Krupp-Laboratorien werden patentiert („Nirosta").
08.08. - 100 Jahre Firma Krupp in Anwesenheit von Kaiser Wilhelm II. gefeiert, am 01. Juni waren 71.221 in der Firma beschäftigt.

1914: Das Geschütz „Dicke Berta" (ein 42-cm-Mörser) kam im I. Weltkrieg zum Einsatz, Kosten 1. Mio. M, Auslegung für 2.000 Schuss, Reichweite: 9 km mit gewöhnlichen Spreng- und 14 km mit Haubengranaten.

1919: Die Lokomotive: Krupp entwickelt seine ersten Lastkraftwagen, zugleich wird am 6. Dezember die erste in Essen gebaute Lokomotive ausgeliefert ([1-13] für die S. 21/22).

1926: Unter dem Namen WIDIA bringt Krupp ein gesintertes Hartmetall auf den Markt, das sich als Werkstoff für Werkzeuge hervorragend eignet.

1928: Krupp baute größte Schmiedepresse mit 15.000 Tonnen Presskraft.

1939: Krupp ist Teil der Kriegswirtschaft.

1940: Die Zerstörung, Luftangriffe auf die Gussstahlfabrik, über 30 % der Essener Krupp-Werke werden zerstört.

1943: Die Firma. Fried. Krupp AG wird per Erlass Hitlers in eine Einzelfirma umgewandelt.

1960: Die Tauchkugel. J. Piccard, D. Walsh erreichen mit Krupp-Tauchkugel als die Ersten tiefsten Meerespunkt, ca. 11.000 m unter dem Meeresspiegel.

1953: Die Ausstellung. In der Villa Hügel wird die erste Kunstausstellung gezeigt.
Der Vertrag. Indien und Krupp unterzeichnen Vertrag über Hüttenwerk im indischen Rourkela.
1958: Der Osthandel – das Unternehmen Krupp nimmt erstmals an der Posener Messe teil.

1961: Im Ausland, in Brasilien, wird das Kruppwerk Metalúrgica Campo Limpo eingeweiht.

1967: Krupp gibt bekannt, die Firma in Kapitalgesellschaft umzuwandeln.

1968: Die Stiftung. Alfried Krupp von Bohlen und Halbach-Stiftung nimmt ihre Arbeit auf.

1971: Das weltgrößte bewegliche Radioteleskop in Effelsberg (Eifel) geht in Betrieb.

1972: Krupps Industrie- und Stahlbau errichtet das Olympiastadiondach in München.

1991: Krupp erwirbt 1991 die Mehrheit an der Hoesch AG in Dortmund.

1992: Eine Verschmelzung erfolgte. Die Friedrich Krupp AG Hoesch-Krupp wurde gegründet.

1999: Es kam zur Fusion. Die Thyssen AG, Friedrich Krupp AG Hoesch-Krupp fusionieren zur ThyssenKrupp AG.

2010: Das ThyssenKrupp Quartier (Hauptsitz) wird 17. Juni in Essen eröffnet, Literatur für die Seiten ([1] - [13], für die S. 21/22).

[1] Baedeker, G. D.: Alfred Krupp und die Entwickelung der GS-Fabrik Essen a./Ruhr, Essen: Baedeker 1889;
[2] Baedecker, G. D.: Alfred Krupp und die Entwicklung der Gussstahlfabrik zu Essen, Essen: Baedecker 1912;
[3] Die Hundertjahrfeier der Friedr. Krupp A.-G. in Essen, Miscellanea, SBZ 59/60(1912), H. 7, S. 99;
[4] Berdrow, W.: Alfred Krupp und sein Geschlecht, Berlin 1937, HW für die Zeittafeln. [5] WA ZEA 200 J. Krupp, ThyssenKrupp, https://www.thyssenkrupp.com/independent/3:waz-sonderausgabe; [6] Biographie: A. Krupp, 1812-1887, http://www.dhm.de/lemo/html/biografien/KruppAlfred/index.html; [7] A. Krupp startet mit 14 Jahren beispiellose Erfolgsstory, http://www.preussen-chronik.de/(03.04.2012); [8] MKL: Kr.., X. Bd. 264, L: BI 1888; [9] ML: Bd. VII. Bd. Sp. 253; L: BI 1927; [10] Schröter, H.: Die Fa. Fr. Krupp und die Stadt Essen. 150 Jahre Firmengeschichte, Tradition, ZFU 6 (1961), H. 6, S.260/70; [11] Ak.: Gesch. d. Pk. i. D. v. 1800/1945 i. drei Bänden, Bd. 2: Pk. i. D. 1870 bis 1917/18; [12] Brockhaus, Krupp, Bd. 1, S. 1020, L: 1911; [13] MGKL, Krupp, Bd. 11, S. 750, L: 1907.

- 23 -

200 Jahre Krupp – einige Stimmen aus Veröffentlichungen zum Jubiläum.

Im Geleitwort von Berthold Beitz (26. September 1913), dem Vorsitzenden des Kuratoriums der Alfried Krupp von Bohlen und Halbach-Stiftung, zu 200 Jahre Krupp [1] wird etwas sehr Treffendes über die 1811 von Friedrich Krupp (1787-1826) in Essen gegründete und ab 1826 von Alfred Krupp (1812-1887) in Rechnung seiner Mutter Therese Wilhelmi Krupp (1790-1850) geführten Fabrik zu ihrer Chronologie geschrieben: „Die Anfänge des Unternehmens waren schwierig." […] „Erst in den späten 1830-er Jahren wendete sich das Blatt und aus einer unbedeutenden Firma in der preußischen Provinzstadt Essen wurde ein international tätiges Unternehmen, dessen wirtschaftlicher Erfolg mit einer besonderen sozialen Fürsorge für die Mitarbeiter einherging." […] „Viele deutsche Traditionsunternehmen haben den Wandel der Zeit nicht überstanden, wurden geschlossen oder verkauft. Krupp ist geblieben und gegenwärtig. Der Name wurde erhalten, Traditionen wurden gewahrt." […] „Alfried Krupp […] hat 1967 testamentarisch die Gründung der gemeinnützigen Alfried Krupp von Bohlen und Halbach-Stiftung verfügt und damit die Weichen für die Zukunft gestellt." Und stellt im Weiteren heraus: „ThyssenKrupp ist heute einer der größten Technologiekonzerne Europas und ein, wie es in der Sprache moderner Manager wohl heißt, ´global player´." […] „Durch das Wirken der Stiftung steht der Name Krupp" (neben dem Hauptgeschäft d.A.) „für medizinische Versorgung, Kultur, Bildung und wissenschaftliche Forschung."

Besonders treffend sowie erwähnenswert erscheint die Unternehmenscharakterisierung von Bärbel Brockmann und Heinz-Willy Bein in ihrem Beitrag „Besonderes Unternehmen" in [2]: „Der Name Krupp steht für ein Weltkonzern und gleichzeitig für eine Familiendynastie." […] „Basis für den Weltruhm war die kurz nach der Firmengründung im Jahre 1811 begonnene Herstellung von Gussstahl. Er war Ausgangspunkt für breitgefächerte Geschäftsaktivitäten, auf die sich der heutige ThyssenKrupp-Konzern zum Teil noch immer stützt. Vom Stahl über den Anlagen- und Schiffbau, die Produktion von Aufzügen bis zu Industrie-Dienstleistungen reicht die Palette des Konzerns mit seinen über 177.000 Mitarbeitern und einem weltweiten Umsatz von über 43 Milliarden Euro (im Geschäftsjahr 2009/2010)."

Ebenso bemerkenswert ist die Bewertung im Interview mit dem Vorsitzenden des Konzern-Vorstandes von ThyssenKrupp, Herrn Dr. Heinrich Hiesinger (*1960), in [3]: „Eine so lange und erfolgreiche Geschichte ist beeindruckend." […] „In den vergangenen 200 Jahren ist es uns immer wieder gelungen, Tradition und Innovation zu verbinden." Denn: „Lange Geschichte ist ohne ständige Erneuerung nicht möglich." […] „Ständige Innovation ist Voraussetzung für den Erfolg. Von den nahtlos geschmiedeten Eisenbahnradreifen bis zu Großwälzlagern und Ringen in Windenergieanlagen und Gezeitenkraftwerken führt eine gerade Linie technologischer Entwicklung." […] „Der Qualitätsstahl bildet eine tragende Säule unseres diversifizierten Industriekonzerns." […] Und: „Wir bieten innovative Hightech-Werkstoffe und Komponenten für die Automobilindustrie. Sie machen Autos leichter und mindern dadurch CO_2-Emissionen. Fassadenelemente von ThyssenKrupp helfen beim Energiesparen. Oder unsere Aufzüge, die heute deutlich weniger Energie verbrauchen, unsere hocheffizienten Zement- und Düngemittelanlagen, die Wälzlager und Ringe für Windenergieanlagen." […] „führende Engineering-Kompetenz sind auch die Produktionsanlagen für Lithium-Ionen-Zellen."

[1] Beitz, B.: Krupp, Tradition und Moderne, ein Geleitwort; [2] Brockmann, B.; Bein, H.-W.: Besonderes Unternehmen, [3] Petzold, L.: Eine so lange Geschichte ist beeindruckend, Interview mit Dr. Heinrich Hiesinger, WAZEA 200 J. Krupp, ThyssenKrupp AG. https://www.thyssenkrupp.com/independent/3:waz-sonderausgabe…

Auch das ist Krupp: Die Firma baute 1919 (bis 1923) sogar den ersten deutschen Motorroller, den namens „Motorläufer" mit nur 130 cm Gesamtlänge, meist Vorderantrieb, 185 und 198 cm^3 Motoren. Des Weiteren produzierte das Unternehmen Krupp seit dem Jahr 1925 den nichtrostenden, säurebeständigen wie auch geschmacksneutralen Edelstahl Wipla (wie Platin), der auch für Zahnprothesen sehr gut geeignet ist. Zu diesem Urteil kam auch August Thyssen, (1842-1926), der eine solche aus diesem Material gefertigt bekam, trug und vertrug [5].

Aus den Kruppschen Werkstätten kam auch der außergewöhnliche Lastkraftwagen, der LKW „Titan", welcher nach dem Zweiten Weltkrieg da sowohl entwickelt wie auch ab 1950 gebaut wurde. Sein besonderes Kennzeichen ist die Ausführung seines Zweitaktdieselmotors mit 190 (ab 1951 mit 210 PS), mit zwei einzeln lauffähigen, hintereinander mit einem Zahnradtrieb verbundenen Dreizylindermotoren. Damit war er nicht nur der stärkste deutsche LKW der Nachkriegszeit, sondern „wegen des charakteristischen Geräuschs dieses Motors ('krupp', 'krupp', 'krupp') hieß es damals, dass der Krupp 'Titan' der einzige LKW sei, der seinen Namen sagen könne" [5].

Ebenso aus Krupps Gießerei und Schmiede in Essen kam die vom Schweizer Jacques Piccard (1922-2008) konstruierte eigentliche Bathysphäre (die Tiefsee-U-Boot-Druckkörper-Kugel), für seinen Tauchgang mit dem amerikanischen Marineleutnant Don Walsh (*1931) am 23. Januar 1960 auf 4 m über den Grund des Challengertiefs im Marianengraben im westlichen Pazifischen Ozean auf 10.911 m, den danach mit Triestetief benannten 10.915 m tiefen Meerespunkt. Piccards von Krupp aus im Vakuum vergossenen Chrom-Nickel-Molybdän-Stahl angefertigte Tauchkugel war im Allgemein mit einer Wandstärke von 12 cm, um die Öffnungen mit 18 cm dimensioniert, um dem in dieser großen Tiefe auftretenden Druck von 1.100 bar zu trotzen. Übrigens, Krupps Stahlqualität sowie Piccards Auslegung gaben dieser Tauchkugel zum einen eine Sicherheit sowohl für den bis heute unerreichten Tiefenrekord wie auch eine Stabilität von bis zu 22.000 m Tiefgang.

Ein besonderes Highlight der Verwendung und Verarbeitung von ThyssenKrupp-Stahl liefert die neue Konzernzentrale der ThyssenKrupp AG, das ThyssenKrupp Quartier, insbesondere ihr 50 m hoher, 14-geschossige Hauptbau, das kubusförmige Q1. In die für Aufbruch, Zukunft und Innovation stehenden Gebäude für die fast 7.800 m^2 Fassadenfläche, bei dem weltweit einzigartigen Sonnenschutz rund 400.000 zentral gesteuerte Sonnenschutzlamellen aus ThyssenKrupp Edelstahl benützt. In die Gebäude wurden rd. 23.000 Tonnen ThyssenKrupp Stahl eingebracht, außerdem stecken rund 320.000 Meter elektrische Leitungen (ohne IT) in den Verkabelungen, ca. 9.000 Meter Wasserrohre sind installiert, 90.000 m^3 Beton wurden eingebaut, ca. 16.000 m^2 Glasflächen, 30.000 m^2 Teppichboden, 10.000 m^2 Parkettboden sind da verlegt worden ([1] bis [4] für die Seiten 23 und 24).

[1] Beitz, B.: Krupp – Tradition und Moderne, ein Geleitwort von Berthold Beitz, in: WAZ Extraausgabe 20. November 2011, 200 Jahre Krupp, ThyssenKrupp AG, S. 3, https://www.thyssenkrupp.com/independent/3:waz-sonderausgabe...; [2] Brockmann, B.; Bein, H.-W.: Besonderes Unternehmen, in: WAZ Extraausgabe 20. 11.11, 200 Jahre Krupp, ThyssenKrupp AG, S. 39, https://www.thyssenkrupp.com/independent/3:waz-sonderausgabe... [3] Petzold, L.: Eine so lange Geschichte ist beeindruckend, Interview mit Dr. Heinrich Hiesinger, Vorsitzender des Vorstandes von ThyssenKrupp, in: WAZ Extraausgabe 20. November 2011, 200 J. Krupp, ThyssenKrupp AG, S. 38/39, https://www.thyssenkrupp.com/independent/3:waz-sonderausgabe...; [4] Bein, H.-W.: Drei Ringe für die Zukunft, vom Stahlwerk bis zum diversifizierten Unternehmen, in: WAZEA, 200 J. Krupp, S. 10/11, https://www.thyssenkrupp.com/independent/3:waz-sonderausgabe... ; [5] Horst, Th.: Von der Tauchkugel bis zur Zahnprothese, Krupp als innovativer Technologie-Konzern mit einer Vielzahl von Ideen und Produkten, WAZ Extraausgabe 20. November 2011, 200 Jahre Krupp, ThyssenKrupp AG, S. 32/33, https://www.thyssenkrupp.com/independent/3:waz-sonderausgabe... (Internetaufrufe: 01.04.-17.04.2012).

Obituary Alfred Krupp

Alfred Krupp died on the 14th of July, 1887. With him passed away one who, perhaps, has had the greatest career in manufacturing industry of any man in modern times, a man who from the smallest beginnings built up the largest metallurgical works in the world, and introduced into general use a material that has had a considerable influence in modifying the economical progress and resources of every country in Europe.

Mr. Krupp was born on the 26th of April, 1812, and consequently was in his seventy-sixth year. He was the son of Frederick Krupp, of Essen, who really began the manufacture of steel on the large scale by the Huntsman system; but like most pioneers of a new industry, he lost his small fortune in perfecting the art. Therefore at his death in 1826 his son Alfred succeeded to an embryo manufacture, and certainly not with much encouragement to pursue a trade that appeared to possess none of the elements of success.

At Frederick Krupp's death the little foundry had but a couple of workmen, and one of these was Alfred Krupp. The steel made then was exclusively for turning-tools, and such like, and Alfred Krupp when he had made sufficient at a time, used to ride on horseback through the neighbourhood to sell it, often in such quantities as ½ cwt. at a time. From this class of manufacture Alfred Krupp proceeded to make die-steel, as used for coining, and in this he had at last the highest reputation in Germany.

The primitive tools he then possessed were chiefly made by himself, and of course were all handworked, the workman turning the crank, and Krupp manipulating the steel under the tilt. His first lathe was driven by an old barrel, which he had fitted up for the driving-strap. From die-steel he passed on to steel for mint-rolls, and for rolling out wire for bullion-lace. For these his skill in hardening was unrivalled, so that lace-rolls supplied at this early period are still in work. The next step was fitting up mint-machinery, and several of the continental mints contain specimens of Alfred Krupp's early industry.

Every portion of profit was put into plant, and the greatest economy was observed, a habit that never left him, for in the smallest trifles he was always careful, although never miserly. From the lace-rolls he conceived the idea of making spoons and forks and such articles, by engraving in relief on the rolls the shape and pattern of the article to be produced. This was his first patent, taken out in 1845, and afterwards sold for England to Messrs.

Elkington[*d.A.] of Birmingham for £8,000. This was not only a small fortune to the young man, but a great encouragement, and he went back to his workshop with increased determination to succeed. Now commenced his chief source of industry, and that from which his name has become of world-wide renown, for it was about this time he began the application of steel for railway uses and for ordnance" [1] und [2].

[*d.A.] Elkington & Co. war eine bedeutende, britische Silberschmiede, die in den 1840er Jahren in Birmingham gegründet wurde. George Richards Elkington (1801-1865) und Henry Elkington (1810-1852), beide Erfinder, exzellente Meister des Versilberns, fertigten auch Bestecke. Das Unternehmen h bestand bis in die 1960er Jahre.
[1] Unknown: Obituary. Alfred Krupp, 1812-1887, Source: Minutes of the Proceeding, Volume 90, Issue 1887, 01 January 1887, pages 450/3, E-ISSN: 1753-7843... (Internetaufruf: 24.04.12). [2] Obituary Alfred Krupp, www.icevirtuallibrary.com/.../imopt.1887.21053 (Internetaufruf: 24.04.2012).

"He produced his first steel gun in 1847. This was a 3-pounder muzzle-loader. Very many trials with the gun ensued, but all failed to destroy it. This gun is now in the Berlin Museum.

In 1850 a 6-pounder was made, and exhibited in the Great Exhibition of 1851, being the only piece of ordnance there. Krupp exhibited other manufactures, such as rolls, tool-steel, a cuirass, &c. The Council Medal was awarded to him, and it was the only medal given to manufacturers of all nations for this class of goods.

Alfred Krupp esteemed this piece of bronze through his whole life more than all the after awards that were given him. There was also exhibited by him a small ingot of some 3 tons that was then considered a metallurgical wonder. About this time he invented his system of manufacturing weldless steel tires for railway uses. He knew that steel of a quality fit for this purpose could not be welded, and therefore his ingenuity was exercised to produce a tire without a joint.

In the prosecution of his trials his usual thrift was observed, for his experiments were in lead, so that he could easily melt down his failures, and thus not lose the material. In this manufacture he succeeded perfectly, and his system was patented in 1850. The antagonism of the makers of iron tires was of course great, and the belief in steel for this purpose by locomotive engineers was little, consequently it was long before he could get a start. The making of so few tires became expensive, so that the then price was £130 per ton, which, of course, added greatly to his difficulty in getting rid of his production, as the best Low Moor tires were about £42 per ton. It was, however, soon discovered when the trials were made, that the steel tire was not only cheaper, but safer, and gradually it has driven its iron competitor out of the field.

Alfred Krupp did not confine his industry to tires, but axles, springs, and all iron. It is, however, with ordnance that the name of Krupp has been chiefly associated, and it is curious to note the gradual development from 1850.

From that date to 1854 was a blank. In the latter year three guns were made. In 1855 eight pieces, in 1856 twelve, and so on increasing, so that in 1866 there were supplied one thousand five hundred and sixty-two guns and still larger numbers in after years. The total number delivered greatly exceeds twenty thousand. Up to 1855-6 the guns were muzzle-loaders, when Mr. Krupp turned his attention to breech-loading, and with such success that his system is adopted almost exclusively by all nations possessing artillery excepting England, France, and the United States.

It can be easily conceived how this greatly increased application of steel should have extended the works so that there are now employed considerably over twenty thousand men. There have been added to the Essen establishment, collieries, blast-furnaces, ore-mines, and other necessaries ' for making the works self-contained. The little ingot of 1851 is the ancestor of blocks weighing over 70 tons, which have to be manipulated and wrought into enormous pieces of ordnance" [1] und [2].

[1] Unknown: Obituary. Alfred Krupp, 1812-1887, Source: Minutes of the Proceeding, Volume 90, Issue 1887, 01 January 1887, pages 450/453, E-ISSN: 1753-7843 (I.-Aufrufe: 24.04.2012); [2] Obituary Alfred Krupp, www.icevirtuallibrary.com/.../imopt.1887.21053... (Internetaufrufe: 24.04.2012).

"The little 3-pounder of 1847 has developed into a breech-loader weighing 120 tons, throwing a projectile of over 1 ton in weight. The works cover an immense area, and there are about 180 acres of roofing to shops.

Alfred Krupp has ever been careful of his workmen, and has erected dwelling-houses for all. These are substantially built, and the sanitary conditions have been carefully studied. There are hospitals with a full staff of surgeons, schools for the children, and churches for both denominations, for although Alfred Krupp was Lutheran, he did not allow any difference to intervene on the score of religious opinion. All were the same to him, and it was his chief happiness to know that his works were the means of providing a means of subsistence to so large an industrial population. There are at Essen bakeries for the supply of the best bread, and butchers' shop; and a co-operative establishment where most of the commodities required by the workpeople can be obtained.

Like must industrial potentates, Mr. Krupp was a man of great simplicity of idea. Titles were offered to him but declined, although he received the large number of decorations presented as tokens of the high respect in which he was held by the givers. His education had been well attended to in early youth, and he was a good linguist, even learning, at the age of seventy, the Italian language, which he spoke with facility - a proof of his strong will in overcoming difficulties. Alfred Krupp was buried on the 18th of July, 1887, and perhaps there has never been seen such a gathering at the interment of a civilian. There must have been considerably over sixty thousand people present. The Emperor of Germany and the King of Saxony were personally represented.

Mr. Krupp was for twenty-eight years an Associate of the Institution, having been elected on, 1859 the 1st of March. He was also an Honorary Member of the Iron and Steel Institute" ([1] und [2] für die Seiten 25 bis 27).

[1] Unknown: Obituary. Alfred Krupp, 1812-1887, Source: Minutes of the Proceeding, Volume 90, Issue 1887, 01 January 1887, pages 450/453, E-ISSN: 1753-7843 (Internetaufruf: 24.04.2012); [2] Obituary Alfred Krupp, www.icevirtuallibrary.com/.../imopt.1887.21053... (Internetaufruf: 24.04.2012).

Weitere eingesehene und verwendete Literatur.

- Ebeling, A.: Die Wunder der Pariser Weltausstellung 1867. Köln: J. P. Bachem 1867;

- Weltausstellung - Das große Kunstlexikon von P.W. Hartmann,
  http://www.beyars.com/kunstlexikon/lexikon_9638.html (I-Aufruf: 24. April 2012).

- Diechmann, G.: Nachruf Krupp, ZVDI 31 (1887) Nr. 30, S. 625/626;

- Baedeker, G. D.: Alfred Krupp und die Entwickelung der Gussstahlfabrik zu Essen a.R,
  Essen: Baedeker 1889.

- Alfred Krupp und die Entwicklung der Gussstahlfabrik zu Essen a./Ruhr ZVDI 33 (1889),
  Nr. 6, S. 128/131.

- Baedeker, G. D.: Alfred Krupp und die Entwicklung der Gussstahlfabrik zu Essen : mit einer
  Beschreibung der heutigen Kruppschen Werke, Essen: G. D. Baedecker 1912.

- Berdrow, W.: Friedrich Krupp der Gründer der Gussstahlfabrik in Briefen und Urkunden,
  Herausgegeben im Auftrage der Firma Friedrich Krupp AG Essen, Essen: Baedecker
  1915.

- Berdrow, W.: Alfred Krupp Friedrich in Briefen und Urkunden, Herausgegeben im
  Auftrage der Firma Friedrich Krupp AG Essen, Essen: Baedecker 1926.

- Berdrow, W.: Alfred Krupp, Band 1 und Band 2, Berlin: Hobbing 1927.

- Oelschläger: Notizen über die Gussstahlfabrik von Fr. Krupp in Essen, Schweizer
  Polytechnische Zeitschrift 13 (1868), H 1, S. 23/24 (Breslauer Gewerbeblatt).

- Kroker, E.: Die Weltausstellungen im 19. Jahrhundert, industrieller Leistungsnachweis,
  Konkurrenzverhalten und Kommunikationsfunktion unter Berücksichtigung der
  Montanindustrie des Ruhrgebietes zwischen 1851 und 1880, Göttingen:
  Vandenhoeck & Ruprecht 1975, Reihe: Studien zur Naturwissenschaft, Technik und
  Wirtschaft im neunzehnten Jahrhundert; Bochum: Dissertation Universität 1973.

- Die Hundertjahrfeier der Friedrich Krupp AG in Essen, Miscellanea, SBZ 59/60(1912),
  H. 7, S. 99.

- Castner, J.: Alfred Krupp. Zum hundertsten Geburtstage am 26. April 1912, StuE 32 (1912),
  H. 17, S. 681/684.

- Geburtstag Alfred Krupp. VDEH-Krupp, StuE 32 (1912), H. 18, S. 768.

- Zum hundertjährigen Jubiläum der Firma Krupp, StuE 32 (1912), H. 32, S. 1293.

- Friedrich Krupp und die Gründung der Gussstahlfabrik, StuE 32 (1912), H. 32, S. 1294/98.

- Alfred Krupp's Lehr- und Wanderjahre, StuE 32 (1912), H. 32, S. 1299/1305.

- Die Fabrik bis zum Tode Alfred Krupps, 1848 bis 1887, StuE 32 (1912), H. 32, S. 1306/15.

- Die Entwicklung der Gussstahlfabrik unter Friedrich Alfred Krupp, 1887 bis 1902, StuE 32 (1912), S. 1316/21.

- Die Weiterentwicklung der Gussstahlfabrik von 1902 bis zur Gegenwart (1912), StuE 32 (1912), S. 1321/24.

- Die Arbeiterfürsorge und Wohlfahrtseinrichtungen, StuE 32 (1912), H. 32, S. 1325/1326.

- Das Geschütz- und Panzerwesen, StuE 32 (1912), H. 32, S. 1327/1336.

- Die Entwicklung der Gussstahlfabrik auf metallurgischem Gebiet, StuE 32 (1912), H. 32, S. 13371343.

- Friedrich Krupp, AG, Essen, Bericht des Direktoriums, StuE 46 (1926), H. 10, S. 353.

- Krupp, A..; Berdrow, W. (Hrsg.): Alfred Krupps Briefe, Berlin: Hobbing 1928.

- Berdrow, W.: Alfred Krupp und sein Geschlecht, 150 Jahre Krupp-Geschichte (1787-1937), nach den Quellen der Familie und des Werks, B: Verlag für Sozialpolitik, Wirtschaft und Statistik Paul Schmidt 1937.

- Klass, G. V.: Die drei Ringe, Tübingen., Stuttgart: Wunderlich 1953, Bücherschau,. StuE 74 (1954), H. 5 , S. 317.

- Penther, H. W.: Das Zeitalter der Eisenbahngeschütze : ein technischer Rückblick auf schienengängige Geschütze, Allgemeine schweizerische Militärzeitschrift ASMZ 132 (1966), H. 11, S. 679/683.

- Stammbaum der Familie Krupp - http://www.planet-wissen.de/politik_geschichte/ persoenlichkeiten/ krupps/img/intro_krupps_baum_g.jpg, (Internetaufruf: 31.03.2012 und 24.04.2012).

- Friedrich Krupp AG in Essen: http://www.werkbahn.de/eisenbahn/lokbau/krupp.htm; Reprint: Krupp im Dienste der Dampflokomotiven, Moers: August Steiger 1981/82.

- Dr. Hans-Dieter Haeuber: Krupp im Dienste der Elektro- und Diesellokomotiven, Moers: Steiger 1983/84.

- Peter Ziegenfuß: Fried. Krupp AG, Jahrbuch für Eisenbahngeschichte Nr. 25, 26 & 29, Verlag DGEG und Uhle & Kleinmann, Lübbecke, 1993, 1994 & 1997.

- ThyssenKrupp: Chronik – Gründung der Gussstahlfabrik durch Friedrich Krupp, http://www.thyssenkrupp.com/de/konzern/geschichte_chronik_k1811.html, (Internet-Aufruf: 20.04.2012).

- Nachkommen (Gesamt) von Wilhelm Kroppen, http://home.arcor.de/claudia.jatzlau/claudia/krupp/krupp-frm3.htm (Internetaufruf: 24.04.2012).

- Krupp (Familie), http://de.Wikipedia.org/wiki/Krupp_(Familie), (Internetaufruf: 27.04.12)

- Friedrich Krupp und die Gründung der Gussstahlfabrik im Jahre 1819 (1818/19 neu erbauter Schmelzbau [4]), http://www.digitalis.uni-koeln.de/Baedeker/baedeker1-9.pdf., (Internetaufruf: 24.04.2012).

- ThyssenKrupp: Chronik – Gründung der Gussstahlfabrik durch Friedrich Krupp, http://www.thyssenkrupp.com/de/konzern/geschichte_chronik_k1811.html., (Internetaufruf: 28.04.2012).

- Ossenkopp, M.: Industriegeschichte. Vor 200 Jahren wurde Alfred Krupp geboren. Der Kanonenkönig war ein Sonderling, Freie Presse, Geschichte, B4, S. 4, 20. April 2012.

- Gedenktage technischer Kultur, S. 2, www.deutsches-museum.de/fileadmin/ Content/data /.../11-1-44.pdf., (Internetaufruf: 27.04.2012).

- Diercks, G.: Männer der Zeit, Lebensbilder hervorragender Persönlichkeiten der Gegenwart und jüngsten Vergangenheit, Band II, darin: Frobenius, H.: Alfried Krupp, Lebensbild, Dresden, Leipzig: Reißner 1898.

- Blencke, F.: Alfred Krupp, Leipzig: R: Voigtländer 1898.

- Krupp and de Bange by E. Monthaye, Translated with an Appendix by O. E. Michaelis, New York: Thomas Prosser & Son 1888.

- Müller, F. C. G.; Schmidt, F.: Krupps Steel Works, London: William Heinemann 1898.

- Meyers Konversations-Lexikon (MKL), Zehnter Band, S. 264/265, Krupp Alfred, Leipzig: Verlag des Bibliographischen Instituts 1888.

- Meyers Lexikon (ML), Siebenter Band, Sp. 253/254, Krupp, Industrieellenfamilie in Essen, Leipzig: Bibliographisches Institut 1927.

- Autorenkollektiv der BAM Bundesanstalt für Materialforschung und –prüfung (Hrsg.): Die Chronik. 125 Jahre Forschung und Entwicklung – Prüfung, Analyse, Zulassung – Beratung und Information in Chemie- und Materialtechnik, Bremerhaven: Wirtschaftsverlag NW, Verlag für neue Wissenschaft GmbH 1996; spezielle Seiten: Alfred Krupp   – S. 46, 47, 49, 202, 203, 216, 221, 233; Friedrich Krupp – S. 86, 89.

- Heim, H.: Alfred Krupp, Friedrich Wöhler, Levin Schücking, Korrespondenzen und Beziehungen, Tradition: Zeitschrift für Firmengeschichte und Unternehmerbiographie 12 (1967), H. 4, S. 388/392, April 1967, München: Verlag C. H. Beck.

- Schröter, H.: Die Firma Friedrich Krupp und die Stadt Essen. Aus Anlass des 150jährigen Firmenjubiläums, in Tradition: Zeitschrift für Firmengeschichte und Unternehmerbiographie 6 (1961), H. 12, S. 260/270, Dezember 1961, München: Verlag C. H. Beck.

- Orges, G.: Das Kruppsche Geschütz von Gussstahl. Untersucht und beschossen von der braunschweigischen Artellerie im Sommer 1848 (richtigerweise 1854), Beilage in der Allgemeinen Zeitung, 31. August 1854, S. 3886/3887.

- Schröder, E.: Krupp, Geschichte einer Unternehmerfamilie, Göttingen: Musterschmidt 1957.

- Arnold, G.: Carl Hoppe. Leben und Wirken eines Berliner Ingenieurs und Unternehmers, Technikgeschichte 32 (1965), S. 41/94.

- Gummert, H.: Entwicklung neuer technischer Methoden unter Anwendung wissenschaftlicher Erkenntnisse im Bereich der deutschen Schwerindustrie, gezeigt am Beispiel der Firma Krupp, Essen, Technikgeschichte in Einzeldarstellungen Nr. 16 (1970), S. 113/132.

- Engel: Das erste Kruppsche Gussstahlrohr, Zeitschrift ges. Schiess- und Sprengstoffwesen 33 (1938), S. 216/218.

- Autorenkollektiv: Geschichte der Produktivkräfte in Deutschland von 1800 bis 1945 in drei Bänden, Band 2: Produktivkräfte in Deutschland 1870 bis 1917/18,
  Punkt 1.:   Allgemeine Bedingungen und Tendenzen der Entwicklung,
  Punkt 1.6.:   Mechanisierung,
  Punkt 2.:   Die Entwicklung der Produktivkräfte in der Industrie,
  Punkt 2.1.3.1.: Eisen- und Stahlproduktion,
  Berlin: Akademie-Verlag 1985.

- Matschoss, C.: Männer der Technik, Reprint der Ausgabe Berlin: VDI-Verlag 1925; Düsseldorf: VDI-Verlag 1985 (Klassiker der Technik); Krupp, Alfred, S.145; Krupp, Friedrich Alfred, S.146

- Tunner, Peter von: Bericht über jene Gegenstände der Londoner Weltindustrie-Ausstellung von 18 bis 62, die den metallurgischen Prozessen angehören nebst einer kritischen Beleuchtung der betreffenden Prozesse und der dabei benützten Materalien, Apparate und Maschinen, Wien: Tendler & Comp. 1863.

- Ersch, J. S.; Gruber, J. G.: Allgemeine Enzyklopädie der Wissenschaften und Künste, Erste Sektion, A-G, Zweiunddreißigster Teil 32, Ei-Eisen, S. 432 ff., Leipzig: F. A. Brockhaus 1839.

- Ersch, J. S.; Gruber, J. G.: Allgemeine Enzyklopädie der Wissenschaften und Künste, Erste Sektion, Teil 98, Gussstahl, S. 1/5.

- Brockhaus' Kleines Konversations-Lexikon, KKL5, Krupp, Bd. 1, S. 1029, Leipzig: 1911.

- MGKL, Meyers Großes Konversations-Lexikon, Krupp, Bd. 11, S. 750, Leipzig: 1907.

Wichtige verwendete Abkürzungen.

A	Österreich
AEWK	Allgemeine Enzyklopädie der Wissenschaften und Künste
AG	Aktiengesellschaft
ASMZ	Allgemeine Schweizer Militärzeitung
a.d.	auf dem
a.R.	an der Ruhr
B	Breite, Beilage, Berlin
BAM	Bundesanstalt für Materialforschung und –prüfung
BKW	Braunkohlenwerk
BO	Bochum
Bd.	Band
Cie.	Compagnie (heutzutage meist Co. oder Cie.)
Co.	Company bzw. Compagnie
cm	Zentimeter
D.	Deutschland
DGEG	Deutsche Gesellschaft für Eisenbahngeschichte
Diss.	Dissertation
d	Tag
d.A.	der Autor
E	Essen
FH	Fachhochschule
FP	Freie Presse
f., ff.	folgende, und folgende
ft	Fuß (1 ft = 30,48 m)
GHH	Gute Hoffnung Hütte
GmbH	Gesellschaft mit beschränkter Haftung
GS	Gussstahl
GÖ	Göttingen

H	Höhe
H.	Heft
Hrsg.	Herausgeber
HW	Hauptwerk
h	Stunde
ha	Hektar (1 ha = 10.000 m^2)
I-Aufruf	Internetaufruf
ISBN	Internationale Standardbuchnummer
IT	Informationstechnik
i.E.	in Essen
i.S.	in Summe
i. W.	im Weiteren
J.	Jahr(e)
kg	Kilogramm
km	Kilometer
KKL	Kleines Konversations-Lexikon
Kgl., kgl.	Königlich
L	Länge, Leipzig
LK	Landkreis
LKW	Lastkraftwagen
M	Mark, München
MAN	Maschinen- und Aktiengesellschaft Nürnberg
MGKL	Meyers Großes Konversations-Lexikon
MKL	Meyers Konversations-Lexikon
ML	Meyers Lexikon
Mon.	M
Mill.	Million(en)
Mrd.	Milliarde(n)
M	Meter

m^2, m^3	Quadratmeter, Kubikmeter
Nr.	Nummer
NBD	Neue Deutsche Biographie
NL	Niederlande
Pfd.	Pfund
PS	Pferdestärke(n)
S	Stuttgart
S.	Seite
SBZ, SPZ	Schweizer Bauzeitung, Schweizer Polytechnische Zeitung
s.S.	siehe Seite
Sek.	Sektion
St.	Stück
Sp	Spalte
StuE	Stahl und Eisen
T.	Teil
t	Tonne (1 t = 1.000 kg)
Uni.	Universität
u.a.	unter andere(n)m
WA	Weltausstellung
WAZ EA	Westdeutsche Allgemeine Zeitung Extraausgabe
WIDIA	Wie Diamant
WV NW	Wirtschaftsverlag für Neue Wissenschaft
ZFU	Zeitschrift für Firmengeschichte und Unternehmerbiographie
ZT	Zeittafel
ZVDI	Zeitschrift des Vereins Deutscher Ingenieure
z.B.	zum Beispiel
z.T.	zum Teil
Ztr.	Zentner (1 Ztr. = 50 kg, Deutschland)
£	Pfund (Britisches Pfund, Währung)

Vita des Autors.

Name:	Dr. Peter <u>Wolfgang</u> Piersig
Geburtstag:	12. Mai 1944
Geburtsort und Schulbesuch:	Lessingstadt Kamenz (Sachsen)
Wohnort:	Berg- und Adam-Ries-Stadt Annaberg-Buchholz, Geburtsstadt von Emil Heyn.
Persönliches:	Ruheständler, verheiratet seit 1965 mit Frau Stefanie-Konstanze, zwei Töchter.
Abschlüsse:	Schlosser (1961), BKW Heide-Wiednitz; Dipl.-Ing. (FH) für Kohleveredlung (1964), Berg-Ingenieur-Schule Senftenberg; Dipl.-Ing. für Werkstofftechnik (1972), Promotion zum Doktor-Ingenieur (1979), Hochschulpädagogik Stufe I und II (1980), Technische Hochschule Karl-Marx-Stadt (Chemnitz); Technikgeschichte (1987), Technische Universität Dresden;

Veröffentlichungen des Autors.

• *Adolf Martens – Erinnerungen an den Nestor der Materialprüfungen der Technik.*

GRIN-Verlag; Archiv-Nr.: V83903, ISBN (eBook): 978-3-638-88760-1; ISBN (Buch): 978-3-638-90360-8.

• *Emil Heyn – Adam-Ries-Nachfahre, gewidmet dem Nestor zweier Technikwissenschaften Metallkunde und Metallographie.*

GRIN-Verlag; Archiv-Nr.: V84013, nur ISBN (eBook): 978-3-638-87588-2.

• *Erinnerungen an den 170. Geburtstag von Alexandre Gustave Eiffel und Bau des Eiffelturms vor 115 Jahren.*

GRIN-Verlag; Archiv-Nr.: V83763, ISBN (eBook): 978-3-638-88603-1; ISBN (Buch): 978-3-638-90513-8.

• *Vannoccio Biringuccio und die Pirotechnia – 525. Geburtstag des ersten Autors der Metallurgie.*

GRIN-Verlag; Archiv-Nr.: V83955, ISBN (eBook): 978-3-638-88607-9; ISBN (Buch): 978-3-638-90372-1.

• *Ein Exkurs durch die bedeutendsten Weltausstellungen von 1851 bis 2005 für Fachleute, Interessierte und Laien.*

GRIN-Verlag; Archiv-Nr.: V83815, ISBN (eBook): 978-3-638-88605-5; ISBN (Buch): 978-3-638-89274-2.

• *Die Palmenblattflechterei und das Castell de Capdepera auf Mallorca.*

GRIN-Verlag; Archiv-Nr.: V116704, ISBN (eBook): 978-3-640-18703-4; ISBN (Buch): 978-3-640-18856-7.

• *ECM - Elektrochemische Metallbearbeitung und EC-Kombinationsverfahren - Ein Beitrag zur Technikgeschichte anlässlich des 85. Geburtstag von Herrn Prof. Dr. rer. nat. sc. techn. Hans Wicht.*

GRIN-Verlag; Archiv-Nr.: V117592, ISBN (eBook): 978-3-640-19823-8; ISBN (Buch): 978-3-640-19833-7.

• *Emil Heyn. Nestor der Technikwissenschaften Metallkunde und Metallographie. Ein kurzer Auszug aus der Emil-Heyn-Chronik und Rückblick auf das am 6. und 7. Juli 2007, anlässlich des 140. Geburtstages von Emil Heyn, in der Berg- und Adam-Ries-Stadt Annaberg-Buchholz stattgefundene Emil-Heyn-Kolloquium.*

GRIN-Verlag; Archiv-Nr.: V120087, ISBN (eBook): 978-3-640-23584-1; ISBN (Buch): 978-3-640-23588-9.

• *Henry Clifton Sorby – Begründer der klassischen Metallographie – Mit einem Abstract über die Herausbildung der Technikwissenschaft Metallographie, nebst Originalquellen, Schrifttumstipps, Literaturregister.*

GRIN-Verlag; Archiv-Nr.: V123320, ISBN (eBook): 978-3-640-27261-7; ISBN (Buch): 978-3-640-27265-5.

• *Henry Bessemer und das Bessemern, mit einer Sammlung und Anlage von Veröffentlichungen darüber.*

GRIN-Verlag; Archiv-Nr.: V131002, ISBN (eBook): 978-3-640-36415-2; ISBN (Buch): 978-3-640-36361-2.

• *Der Kristallpalast zu London, mit einer Vita zu Joseph Paxton, dem Architekten des Crystal Palace zu London, nebst einem Kurzbericht über die erste Weltausstellung London 1851.*

GRIN Verlag; Archiv-Nr.: V132604, ISBN (eBook): 978-3-640-38260-6; ISBN (Buch): 978-3-640-38312-2.

- Beitrag zur Entstehung und Entwicklung des Musicals.

GRIN Verlag; Archiv-Nr.: V131395. ISBN (eBook): 978-3-640-36639-2; ISBN (Buch): 978-3-640-36612-5.

- *Johann Bauschinger – Begründer der mechanisch-technischen Versuchsanstalten, mit dem Nachruf von*

  Prof. Adolf Martens und der Gedenkrede von Prof. Friedrich Kick auf Prof. Johann Bauschinger (1834-1893).

GRIN Verlag; Archiv-Nr.: V132971. ISBN (eBook): 978-3-640-39292-6; ISBN (Buch): 978-3-640-39322-0.

- *Kompendium Papier - eine Chronologie mit einem umfangreichen Lexikon zu diesem alltäglichen Werkstoff.*

GRIN Verlag; Archiv-Nr.: V134334. ISBN (eBook): 978-3-640-40896-2; ISBN (Buch): 978-3-640-40940-2.

- *Der sächsische Lokomotivenkönig. Zum 200. Geburtstag des sächsischen Lokomotivenkönigs und*

  Industriepioniers Richard Hartmann.

GRIN Verlag; Archiv-Nr.: V137862. ISBN (eBook): 978-3-640-44585-1; ISBN (Buch): 978-3-640-44592-9.

Mikroskop und Mikroskopie - Ein wichtiger Helfer auf vielen Gebieten mit Definitionen, Geschichte, Daten,

Literatur.

GRIN-Verlag; Archiv-Nr.: V140522. ISBN (eBook): 978-3-640-48209-2; ISBN (Buch): 978-3-640-48200-9.

- *Der Kristallpalast von London und sein Architekt Joseph Paxton. Der Glaspalast zu München.*

GRIN-Verlag; Archiv-Nr.: V141687. ISBN (eBook): 978-3-640-50302-5; ISBN (Buch): 978-3-640-50333-9.

- *Geschmiedete blanke Waffen – Symbole der Macht, Kraft und Eleganz. Drahtherstellung.*

GRIN-Verlag; Archiv-Nr.: V141883. ISBN (eBook): 978-3-640-50870-9; ISBN (Buch): 978-3-640-50893-8.

- *Geschichtlicher Abriss zum Prägen von Metallmünzen.*

GRIN-Verlag; Archiv-Nr.: V141944. ISBN (eBook): 978-3-640-50930-0; ISBN (Buch): 978-3-640-50956-0.

- *Die sieben Metalle der Antike. Gold. Silber. Kupfer. Zinn. Blei. Eisen. Quecksilber.*

GRIN-Verlag; Archiv-Nr.: V141999. ISBN (eBook): 978-3-640-50931-7; ISBN (Buch): 978-3-640-50957-7.

- *Geschichtlicher Überblick zur Entwicklung von Bronzeglocken.*

GRIN-Verlag; Archiv-Nr.: V142071. ISBN (eBook): 978-3-640-50932-4; ISBN (Buch): 978-3-640-50958-4.

- *Aluminium - ein Metall mit kurzer Geschichte, aber mit großer Zukunft.*

GRIN-Verlag; Archiv-Nr.: V142299. ISBN (eBook): 978-3-640-50933-1; ISBN (Buch): 978-3-640-50959-1.

- *Henry Clifton Sorby, Adolf Martens, Emil Heyn - Nestoren der Technikwissenschaft Metallographie.*

GRIN-Verlag; Archiv-Nr.: V142300. ISBN (eBook): 978-3640-50934-8; ISBN (Buch): 978-3-640-50962-1.

- *Geschichtlicher Überblick zur Entwicklung der Metallbearbeitung.*

GRIN-Verlag; Archiv-Nr.: V142312. ISBN (eBook): 978-3-640-50935-5; ISBN (Buch): 978-3-640-50961-4.

- *Erinnerungen an Alexandre Gustave Eiffel und den Bau des Eiffelturms vor 120 Jahren.*

GRIN-Verlag; Archiv-Nr.: V142399. ISBN (eBook): 978-3-638-88603-1; ISBN (Buch): 978-3-638-90513-8.

- *Überblick zur Entwicklung des Waffenhandwerks im Thüringer Wald.*

  GRIN-Verlag; Archiv-Nr.: V142455. ISBN (eBook): 978-3-640-52307-8.; ISBN (Buch): 978-3-640-52233-0.

- *Ein geschichtlicher Überblick zum Eisen im Erzgebirge. Der Frohnauer Hammer – 570 Jahre Herrenhaus und 350 Jahre Eisenhammer.*

  GRIN-Verlag; Archiv-Nr.: V142518, ISBN (eBook): 978-3-640-52310-8; ISBN (Buch): 978-3-640-52239-2.

- *Geschichtlicher Überblick zum Ätzen und Beizen der Nichteisenmetalle wie auch von Eisen und Stahl.*

  GRIN-Verlag; Archiv-Nr.: V143019. ISBN (eBook): 978-3-640-52316-0; ISBN (Buch): 978-3-640-52241-5.

- *Henry Clifton Sorby, Adolf Martens, Emil Heyn – Nestoren der Metallographie.*

  GRIN-Verlag; Archiv-Nr.: V142300. ISBN (eBook): 978-3-640-50934-8, ISBN (Buch): 978-3-640-50962-1.

- *Historische Betrachtungen zum „König der Metalle" – dem Gold.*

  GRIN-Verlag; Archiv-Nr.: V146691. ISBN (eBook): 978-3-640-57441-4; ISBN (Buch): 978-3-640-57387-5.

- *Silber – ein Metall des Altertums und der Gegenwart.*

  GRIN-Verlag; Archiv-Nr.: V146692. ISBN (eBook): 978-3-640-57442-1; ISBN (Buch): 978-3-640-57390-5.

- *Bronze.*

  GRIN-Verlag; Archiv-Nr.: V158771. ISBN (eBook): 978-3-640-72831-2; ISBN (Buch): 978-3-640-72831-1.

- *Kupfer - Metall der Antike, Gegenwart, Zukunft, Fonds für Technik, Kultur, Kunst.*

  GRIN-Verlag; Archiv-Nr.: V164366. ISBN (eBook): 978-3-640-80836-6; ISBN (Buch): 978-3-640-80929-5.

- *Zinn - Metall der Antike, Gegenwart, Zukunft, Werkstoff für Technik, Kultur, Kunst.*

  GRIN-Verlag; Archiv-Nr.: V173127. ISBN (eBook): 978-3-640-93538-3; ISBN (Buch): 978-3-640-93577-2.

- *Blei - Metall der Antike, der Gegenwart, mit Zukunft, ein Werkstoff für Technik, Kultur, Kunst.*

  GRIN-Verlag; Archiv-Nr.: V182979. ISBN (eBook): 978-3-656-07283-6; ISBN (Buch): 978-656-07283-6.

- *Die Alfred-Krupp-Jubiläen 200. Geburtstag und 125. Todestag • (26. April 1812 und 14. November 1887) A man with a vision for iron and steel.*

  GRIN-Verlag; Archiv-Nr.: V193279.

- *Erinnerungen an den 170. Geburtstag von Alexandre Gustave Eiffel und den Bau des Eiffelturms vor 115 Jahren.*

  Collection deutscher Erzähler – Eine Anthologie neuer deutschsprachiger Autorinnen und Autoren, Band 3, Frankfurt/Main: R. G. Fischer Verlag 2004,

- *Emil Heyn – Nestor der Metallkunde und Metallographie.*

  Stahl und Eisen 125 (2005), H. 6, 15. Juni 2005, S. 54/56.

▪ *Vannoccio Biringuccio und die Pirotechnia.*

Stahl und Eisen 126 (2006), H. 3, 15. März 2006, S. 96/98.

▪ *Gedenken zum 100. Todestag. Adolf Ledebur – Theorie cum praxi.*

Stahl und Eisen 126 (2006), H. 6, 19. Juni 2006, S. 104/106.

▪ *Annaberger Museumsnacht mit einem neuen Angebot. Emil Heyn zu Gast bei Adam Ries.*

Stahl und Eisen 126 (2006), H. 9, 15. September 2006, S. 98.

▪ *Adolf Martens. Erinnerungen an den Nestor aller Materialprüfungen der Technik.*

Stahl und Eisen 127 (2007), H. 3, 15. März 2007, S. 112/114.

▪ *Reminiszenzen an den Baubeginn des Eiffelturms vor 120 Jahren.*

Stahl und Eisen 127 (2007), H. 11, 7. November 2007, S. 170/174.

▪ *Zum 110. Todestag von Henry Bessemer. Henry Bessemer und sein Stahlgewinnungsverfahren.*

Stahl und Eisen 128 (2008), H. 3, 17. März 2008, S. 118/120.

▪ *100. Todestag von Henry Clifton Sorby. Henry Clifton Sorby gilt als Begründer der Metallographie.*

Stahl und Eisen 128 (2008), H. 6, 16. Juni 2008, S. 104/106.

▪ *Emil Heyn in seiner Geburtsstadt geehrt.*

Praktische Metallographie 45 (2008), H. 11, S. 566/574.

▪ *175. Geburtstag von Johann Bauschinger – Begründer der mechanisch-technischen Versuchsanstalten.*

Stahl und Eisen 129 (2009), H. 6, 16. Juni 2009, S. 100/102.

▪ *Zum 200. Geburtstag des sächsischen Lokomotivenkönigs und Industriepioniers*

Richard Hartmann (1809-1878).

Stahl und Eisen 129 (2009), H. 11, November 2009, S. 129/131.

▪ *Henry Clifton Sorby – ein Privatgelehrter begründete vor rund 145 Jahren die Metallographie.*

Praktische Metallographie 47 (2010), H. 1, S. 1/13.

▪ *Erinnerungen an Johann Ludwig Werder anlässlich seines 125. Todestages (1808 bis 1885).*

Stahl und Eisen 130 (2010), H. 8, August 2010, S. 108/110.

▪ *75 Jahre Golden Gate Bridge am Pazifiktor in San Francisco – Zeitlos schöne Seilhängebrücke.*

Stahl und Eisen 132 (2012), H. 3, S. 7/9.

Abstract.

Im vorliegenden Buch: „Die Alfred-Krupp-Jubiläen - 200. Geburtstag und 125. Todestag (26. April 1812 und 14. Juli 1887) - A man with a vision for iron and steel", geht es um den Visionär für die Werkstoffe Eisen, Stahl, insbesondere den Gussstahl, ebenso um die beispiellose Erfolgsstory von 1826 bis 1887. Aufgezeigt wird, dass Alfred Krupp stets an einen qualitativ hochwertigen sowie massenhaft produzierbaren Gussstahl glaubte. Des Weiterem ist im vorliegenden Werk zu erfahren, dass Krupp mit der vertretenen Herstellungs- und Verarbeitungsphilosophie sich Einsatzgebiete wie auch Absatzmöglichkeiten für den Tiegelstahl, d.h. seine Erzeugnisse im Eisenbahnwesen, wie Gussstahlfedern, -achsen, räder, Nahtlosradreifen, Geschütze, mit stetig steigendem Produktionsvolumen schuf. Ebenso wird vermittelt, Alfred Krupp war ein Geschäftsmann mit ausgeprägter Arbeitsdisziplin, bezeichnendem Durchstehvermögen, technischer Besessenheit, extremen Willen für Qualität und Quantität. Dazu wird dargetan, er war ein Unternehmer, der eine Gussstahlfabrik, schon jung an Jahren, leitete und sich zugleich als ein Tüftler und Kämpfer der Metallurgie sowie Metallformung auszeichnete. Angegeben ist außerdem, dass er es verstand, in den ersten Jahren in alleiniger Regie das Unternehmen erstarken zu lassen und, um zum Ziel der Gussstahlmassenproduktion und zu den Wachstumsprodukten zu gelangen, ab 1826 bis 1848 dies mit seinen Brüdern Hermann (1814-1879) und Friedrich (1820-1901) tat. Eingebunden in das verfasste Buch sind auch ein Stammbaum der Krupps sowie eine Zeittafel zu Friedrich und Alfred Krupp sowie die Periode von 1887 bis zur Gegenwart. Beleuchtet wird dabei außerdem, Erzeugnisse gezeichnet „F. Krupp in Essen" trugen sowohl seinen Namen, seine Firma wie auch den Stadtnamen rund um den Erdball.